消费品安全标准“筑篱”专项行动——国内外标准对比丛书

涂　　料

国家标准化管理委员会　组编

中国质检出版社
中国标准出版社
北京

图书在版编目（CIP）数据

涂料/国家标准化管理委员会组编. —北京：中国标准出版社，2016.3
（消费品安全标准“筑篱”专项行动——国内外标准对比丛书）
ISBN 978-7-5066-8088-2

Ⅰ. ①涂…　Ⅱ. ①国…　Ⅲ. ①涂料-质量管理-安全标准-对比研究-中国、国外　Ⅳ. ①TQ63-65

中国版本图书馆 CIP 数据核字（2015）第 242255 号

中国质检出版社
中国标准出版社　出版发行
北京市朝阳区和平里西街甲 2 号（100029）
北京市西城区三里河北街 16 号（100045）
网址：www. spc. net. cn
总编室：（010）68533533　发行中心：（010）51780238
读者服务部：（010）68523946
中国标准出版社秦皇岛印刷厂印刷
各地新华书店经销
*
开本 787×1092　1/16　印张 12.25　字数 275 千字
2016 年 3 月第一版　　2016 年 3 月第一次印刷
*
定价：40.00 元

总 前 言

我国是消费品生产制造、贸易和消费大国。消费品安全事关人民群众切身利益，关系民生民心，关系内需外贸。标准是保障消费品安全的重要基础，是规范和引导消费品产业健康发展的重要手段。为提升消费品安全水平，提高标准创制能力，强化标准实施效益，加强标准公共服务，逐步构建标准化共治机制，用标准助推消费品领域贯彻落实“三个转变”，用标准支撑国内外市场“双满意”，用标准筑牢消费品的“安全篱笆”，2014 年 10 月，国家标准化管理委员会会同相关单位联合启动了消费品安全标准“筑篱”专项行动。

“筑篱”专项的首要任务，就是开展消费品安全国内外标准对比行动。按照广大消费者接触紧密程度、社会舆情关注度、产品安全风险和行业发展规模，首批对比行动由轻工业、纺织工业、电器工业、建筑材料、石油和化学工业等行业的 46 家单位、200 多位专家，收集了 21 个国际标准化组织、相关国际组织、国家和地区的相关法律、法规、标准 770 余项，对其中 3816 项化学安全、物理安全、生物安全和标签标识等相关技术指标进行了对比，并结合近 15 年来典型领域的 WTO/TBT 通报，研究了国外法规、标准的变化趋势。

为更好地共享“筑篱”专项对比行动成果，面向广大消费者、企业和检测机构，提供细致详实、客观准确的消费品安全国内外标准对比信息，我们组织编辑出版了“消费品安全标准“筑篱”专项行动——国内外标准对比”丛书。丛书共有 7 个分册，涉及儿童用品（玩具、童鞋、童装、童车）、服装纺织、家用电器、照明电器、首饰、家具、烟花爆竹、纸制品、插头插座、涂料、建筑卫生陶瓷、消费品基础通用标准等领域。

这套丛书的编纂出版得到了国家标准化管理委员会的高度重视和各相关领域专家的支持配合。丛书编委会针对编写、审定、出版环节采取了一系列质量保障措施，力求将丛书打造成为反映标准化工作成果、体现标准化工作水平的精品书。参与组织、编写和出版工作的人员既有相关职能部门的负责同志，也有专业标准化技术机构的主要人员，还有重大科研项目的技术骨干。他们在完成本职工作的同时，不辞辛苦，承担了大量的组织、撰稿以及审定工作，为此付出了艰辛的劳动。在此，谨一并表示衷心感谢。

丛书编委会

2016 年 2 月

前　言

涂料是现代合成材料和新材料的一个重要分支。涂料工业主要是一个制造加工和服务的行业。涂料产品虽不是一种主体材料，但在国民经济各行业的发展过程中发挥着十分重要的作用。涂料应用广泛，几乎遍及所有的工业和民用领域，如汽车行业、建筑行业、石化行业、电子电工行业和交通运输行业等；在航空航天、国防军事、核电设施等方面也发挥着不可替代的重要作用；此外，涂料还与人们生活密切相关，住宅、交通工具、家具、家用电器、厨具、纸张等均使用涂料，涂料为这些产品提供了理想的保护和装饰作用，在提升产品档次、美化环境等方面也发挥了重要作用。可以说涂料与人类的一切活动息息相关，是一种重要的消费品，在各个领域都发挥着举足轻重的、不可替代的重要作用，是国民经济各行业发展必需的重要材料。

但是涂料产品在提供保护作用、装饰作用和特殊功能作用、为人类服务的同时，涂料产品中的有害物质也会对人类的生存环境、人体健康造成危害。涂料中的有害物质主要有挥发性有机化合物（VOC）、有害化合物和有害元素等。在涂料产品的生产和施工过程中会释放出大量的 VOC，涂料中的 VOC 除了对人体的直接危害即一次污染外，还会因排放到大气中在阳光作用下发生光化学反应而产生许多有害的化学活性物质，形成光化学烟雾和酸雨，所形成的二次污染物除直接影响人类外，还危害动植物，形成温室效应，在更大范围对人类生态环境造成破坏。涂料除大量 VOC 的挥发污染外，还存在有害化合物的污染，有害化合物主要来源有：合成树脂中残留的有害化合物、水性涂料及粉末涂料中仍在使用的有毒性的助剂等，国内某些水性涂料甚至使用使胎儿致畸的助溶剂。此外，使用着色重金属颜料也可能造成污染，重金属颜料的影响不像 VOC 更易感知，但对人体的危害同样严重，颜料中的铅系颜料、铬系颜料含铅、铬、镉等有害元素，在生产中造成对水质和土壤的污染，对动植物和人类造成极大危害。

正是基于这一原因，目前国外许多国家和地区在发展涂料技术的同时也在采取一系列措施限制涂料产品中有害物质的加入，促使涂料行业向着健康、环保的方向发展。近年来，我国也意识到涂料产品中有害物质的危害，也在采取措施限制其加入，如制定了系列强制性国家标准来分别限制室内装饰装修材料各种涂料中有害物质含量和户外用涂料中有害物质含量；国家环境保护总局也发布了最新版的水性涂料环境标志标准和溶剂型木器涂料环境标志标准来分别限制这些涂料产品中的有害物质含量；在一些化工行业标准中对某些产品，如阴极电泳漆、水性色浆、热固性粉末涂料、铅笔漆等也增设了一些项目来限制某些有害物质含量。但所有这些与国外相比还存在较大的差距，所涉及的产品面较窄，设置的项目仅考虑了对人身健康的危害而没有顾及对大气环境的影响。因此，开展涂料领域国内外安全标准对比行动具有重要的意义，可以找出差距、发现不足，以期在今后的工作中不断改进，促进涂料技术的发展水平不断提高，引导我国涂料行业健康发展，促进涂料对外贸易的顺利进行。

本册编委会

2016 年 2 月

目　录

第1章 现状分析

1 对比范围的确定

根据消费品安全“筑篱”专项行动的总体要求：对比范围不仅要包括：ISO、IEC等国际标准化技术组织，欧盟、美国、日本等主要贸易地区和国家的标准，还要包括相关重要国际组织、协会、联盟，以及其他贸易地区和国家，甚至一些典型生产企业的标准。根据涂料行业的特定状况，确定了对比范围中的必比范围与自选范围。

1.1 必比范围

（1）涂料领域对应的国际标准化组织 ISO 的两个技术委员会，即 ISO/TC 35 和 ISO/TC 256；IEC 是国际电工委员会，与涂料领域关联度不大，不参与比较。

（2）未查询到涂料领域存在具有影响力的国际组织、协会和联盟，因此对这方面没有专门比较。

（3）所在领域主要贸易目的地区和国家以及与中国建立了标准互认关系的国家，确定此类的比较范围是欧盟、美国、日本、英国、法国。

1.2 自选范围

对于涂料领域其他重要贸易目的地区或国家，我们确定的比较范围是德国、加拿大、澳大利亚和中国台湾。

因此，最终确定的比较范围是 ISO 的两个技术委员会即 ISO/TC 35 和 ISO/TC 256、欧盟、美国、日本、英国、法国、德国、加拿大、澳大利亚和中国台湾。

2 涂料质量安全监管方式的比较

2.1 基本概念和定义

2.1.1 产品

指经过加工制作用于销售的产品。产品必须具备两个条件：一是该产品经过加工、制作；二是用于销售的，而不是自产自用的。

2.1.2 产品质量

指一组固有特性满足要求的程度，产品满足明确和隐含的需要的能力的特性总和。这些特性主要包括：（1）有效性——产品实现预定目的或规定用途的能力；（2）安全性——产品在贮存、流通和使用过程中保证人身、财产和环境免遭危害的能力；（3）可信性——产品在规定的时间内和规定的条件下完成或保持规定功能的能力，以及按规定的程序和方法进行维修时保持或恢复到规定状态的能力；（4）经济性——反映产品合理的寿命周期费用，具体表现在设计费用、制造费用、使用费用、报废后回收处理费用上。

2.1.3 产品质量安全

是指产品符合国家法律法规以及涉及公共安全、人体健康、生命财产安全的强制性标准要求，在正常或合理预见的情况下使用，不会构成任何危险或仅构成最低程度的合理危险。

2.1.4 产品质量监管

监管也称规制或管制，来源于英文 regulation，是指主体基于某种规则对某事进行控制或调节，以期达到使其正常运转的目的。产品质量监管是政府监管机构依据相关法律法规对厂商生产销售的产品进行监督管理，主要通过事前标准设立以及事后对生产、销售不合格产品的违法行为人进行制裁等方式，确保产品质量、缩小厂商与消费者之间的信息差距，实现降低产品质量安全风险、保障消费者人身财产安全的目的，救济因产品缺陷导致人身安全遭受损害的消费者，进而维护社会经济秩序、促进市场经济健康发展。产品质量监管从根本上说是政府的规制问题，即政府的许多行政机构以治理市场失灵为己任，以法律为根据，以大量颁布的法律、法规、规章、命令及裁决为手段，对微观经济主体（主要是企业）的不完全是公正的市场交易行为进行直接的控制或干预。

2.1.5 产品质量监管体制

是指执行产品质量监督的主体以监督权限划分为基础，所设置的监督机构和监督制度以及监督方式和方法体系的总称。产品质量监管的目的是规制可能或者已经出现的产品质量风险问题（即缺陷和瑕疵问题）。涂料属于重要的消费产品，一般产品的质量监管方式对涂料产品基本都适用。

2.2 中国涂料质量的监管体制

2.2.1 监管机构

目前，国家质量技术监督检验检疫总局（以下简称：国家质检总局）作为国务院产品质量监督部门主管全国产品质量监督工作。地方各级质量技术监督局受国家质检总局的领导负责各地区的产品质量的监督管理。此外，监管部门还包括国家工商行政管理总局及下属消费者权益保护局、商务部与农业部、海关总署监管司等。

2.2.2 法律体系

我国的产品质量法律体系以《中华人民共和国产品质量法》为主，包括配套的法规（行政法规和地方性法规）、规章（部门规章和地方政府规章）等分类组合而成。《产品质量法》是调整产品质量法律关系的一般法，对除建设工程和军工产品外的所有经过加工、制作，用于销售的产品（包括涂料产品）的质量监督管理作了一般规定。《中华人民共和国生产许可证管理条例》等行政法规、《产品质量国家监督抽查管理办法》等规章大部分适用于涂料领域。

2.2.3　监管制度

2.2.3.1　安全生产许可证制度

涂料及溶剂属于危险化学品，危险化学品的生产和销售企业按照国家相关管理规定，应该办理危险化学品生产许可证。目前，在我国涂料行业对三个产品单元三十个品种的涂料产品实施生产许可证制度。

国家实行生产许可证制度的工业产品目录由国务院工业产品生产许可证主管部门会同国务院有关部门制定，在征求消费者协会和相关产品行业协会的意见基础上，报国务院批准后向社会公布，并根据实际情况对目录进行调整。

2.2.3.2　3C 认证制度和环境标志认证制度

国家对涉及人类健康和安全、动植物生命和健康，以及环境保护和公共安全的产品实行强制性认证制度即 3C 认证（China Compulsory Certification），于 2002 年开始实行。室内装饰装修用溶剂型木器涂料产品应按强制性国家标准 GB 18581—2009 的要求进行 3C 认证。

涂料产品的另一种认证为环保标志认证又被称为“十环认证”，由环保部指定中环联合（北京）认证有限公司为唯一认证机构，通过文件审核、现场检查、样品检测等多个步骤来确定产品是否达到了环保标准的要求。通过认可，就可以被授予环保涂料的称号，可以在其包装上使用十环标志，表明其产品与同类产品相比低毒少害，节约资源。目前涂料产品的环境标志认证的产品有水性涂料、溶剂型木器涂料，检测标准有 HJ 2537—2014、HJ/T 414—2007、HJ/T 371—2007 和 HJ/T303—2006。环境标志认证（十环）属自愿性认证，符合要求的涂料产品达到一定的质量要求，颁发十环认证证书。

2.2.3.3　监督检查制度

监督检查是产品质量监管部门根据国家法律法规及政府赋予的职权，对生产流通领域内的产品进行监督、检查，并责令不合格产品的生产者、销售者限期整改，在必要时给予行政处罚的制度。国家质检总局负责组织和实施国家监督抽查工作，并发布国家监督抽查通报；有关地方质量技术监督部门、符合《中华人民共和国产品质量法》规定条件的产品质量检验机构，接受国家质检总局委托，负责承担国家监督抽查样品的抽样工作；符合《中华人民共和国产品质量法》规定的有关产品质量检验机构，负责承担国家监督抽查样品的检验工作；各省、自治区、直辖市质量技术监督部门按照国家质检总局的要求，承担本行政区域内的国家监督抽查相关工作。监督检查的方式主要有抽查，统一检查，定期检查等几种方式。

国家质检总局按照《产品质量国家监督抽查管理办法》对涂料产品进行监督检查，涉及的涂料品种主要有内墙涂料、溶剂型木器涂料、外墙涂料、地坪涂料等，涵盖了全国大多数省份的企业，主要使用监督抽查的方式。

2.2.3.4　安全标准制度

《中华人民共和国产品质量法》第十三条明确指出“可能危及人体健康和人身、财产安全的工业产品，必须符合保障人体健康和人身、财产安全的国家标准、行业标准的要求；未制定国家标准、行业标准的，必须符合保障人体健康和人身、财产安全的要求”。

目前我国涂料行业的标准，按制定、审批的机关不同，分为国家标准、行业标准、地方标准和企业标准。标准按其实施的效力不同，分为强制性标准和推荐性标准，已建立了较为完备的标准体系。

2.2.3.5　进口涂料的管理

为了统一和加强对全国进口涂料检验监管工作，自 2002 年 7 月 1 日开始，对进口涂料的检验采取登记备案、专项检测制度与口岸到货检验相结合的方式。

进口涂料的生产商、进口商或进口代理商根据需要，可以向备案机构申请进口涂料备案。

备案申请人在备案机构受理备案申请后，应将与申请内容一致、具有代表性的样品委托国家质检总局指定的专项检测实验室进行专项检测，样品数量应满足实验室专项检测和留样等要求。

专项检测是指由专项检测实验室按照国家标准《室内装饰装修材料溶剂型木器涂料中有害物质限量》《室内装饰装修材料内墙涂料中有害物质限量》和《民用建筑工程室内环境污染控制规范》及相关法律法规要求对进口涂料中有害物质进行规定项目的检测工作。

2.3　美国的产品质量安全监管体制

2.3.1　监管机构

美国联邦政府对质量的监督管理采用分散管理方式，政府中没有专门负责产品质量监督的部门，而是通过相关部门制定的法规对各自管辖领域内的产品进行监管。美国的产品质量安全监管机构主要有食品药品监督管理局（FDA）、环境保护局（EPA）、消费者产品安全委员会（CPSC）、美国农业部（USDA）和联邦贸易委员会（FTC）等，其中与涂料安全监管关联最大的机构是 FTC、CPSC、EPA 和 FDA。

2.3.2　法律体系

美国政府在产品质量安全方面的法律法规及规章制度几乎涵盖所有产品，涂料作为一类重要的化工产品也包括在内。由上至下制定了内容详实、条例清晰的规定，具备较强的操作性，致力于保证产品质量监管的公平、公正及一致性。如，国会立法规定相关机构的职权，机构负责对产品质量制定强制性要求，机构内部具备详细的工作程序，逐层细化控制，使得工作有章可循，有效降低产品质量监管过程中人为因素产生的不利影响。

根据产品质量可能对消费者造成损害的不同，其产品质量监管法律体系主要从两个方面进行相应的制度安排：（1）完善商品交易合同，严格担保责任；（2）严格产品责任，遏制侵权行为。

美国的产品质量法律体系中，《消费品安全法》、《马克尤逊—摩西保证法》及《产品责任法》制定了产品统一安全标准并详细规定了产品制造者、销售者的责任、消费者的权利、规制机构的职责、仲裁规则等。在此基础上美国还针对一些直接关系消费者安全的产品专门制定了法律，形成美国的产品质量法律体系，如《消费品安全改进法案》（CPSIA）中对含铅油漆的铅含量进行了严格控制。

2.3.3 监管制度

美国政府为了加强对产品质量的监管，制定了一系列监管制度，较为典型的有：行政许可、质量认证、产品抽检、分类监管、召回和激励制度等。

2.3.3.1 行政许可

美国针对高风险的产品实施行政许可，因此行政许可的范围相当窄，同时门槛相对较高。行政许可仅是一种辅助性的行政管理手段，其他风险较小的产品交由市场调节。美国在产品投放市场之前均须经过严格的实验室检测和论证，以确保产品的安全性和有效性。因此，美国每年进行审批获得行政许可的较少。

2.3.3.2 质量认证

美国的标准认证更多地依靠市场，由行业协会等第三方机构开展。某些类别产品未经安全性检测合格并得到有关机构许可，不得进入美国市场。与政府机构相比，民间的第三方认证机构有更深厚的专业能力，更完整的测试条件，更积极的执行措施，同时又有授权机构的监督，因此，其认证标志被市场广泛接受，成为国际贸易中必不可少的条件、政策因素。

美国对产品的认证也分为强制性认证和自愿性认证。根据美国职业安全局（OSHA）安全标准，所有工作场所使用的产品都必须由美国国家认可实验室（NRTL）进行认证（即通过测试并且发证），以保证该产品在工作场所的使用安全。同时，美国职业安全局（OSHA）规定 37 类产品必须获得美国国家认可实验室（NRTL）的认证。除了一些非常特殊的领域，美国对某些符合工业安全标准的自愿性认证的家用产品，并没有特殊的安全要求。对于溶剂型木器涂料、建筑涂料产品美国主要采用质量认证的方式进行监管，如半官方的国际建筑官员联合会（ICBO）对木器涂料等 73 种产品进行认证。

2.3.3.3 产品抽检

美国也进行产品抽查。相关工作人员进入企业生产线、仓库、海关、港口等进行抽检，保证产品的质量安全。对进口产品海关发挥着主体作用，根据相关进口国家的产品质量安全态势，进行评定，给予不同程度的关注和监管，海关人员进入商家在港口的仓库进行严格抽检，保证产品的安全性。对于国内市场的产品主要依靠授权的第三方检测机构和实验室进行监督，同时也依赖消费者的举报和投诉。同时，美国也针对市场上销售的产品进行抽检，而对于厂家仓库的产品抽检的力度并不大，只针对信用等级不高的企业进行严格监管。

2.3.3.4 **产品分类监管制度**

美国政府根据产品给消费者带来的危险程度不同，采用基于产品分类的全过程监管监督制度，即不同产品按照各自特定的监管方式，由不同的政府部门负责。由此，各取所需既增强了监管力度及方式的有效性，又在一定程度上节约了监管成本。例如，危险性较大的产品，采用对其生产、储存与运输的全过程监控；一般性消费品，只对涉及消费者健康、安全与环保等技术指标实施监督；儿童玩具、家用电器、家具等对人体健康生命财产安全具有潜在实质性危害的物品，需要重点监控；对食品、药品、化妆品等特定产品，采用统一性、规范性与强制性的监管措施。

2.3.3.5 **缺陷产品的召回制度**

美国缺陷产品的召回制度特征为自愿认证、强制召回，其市场准入门槛较低，重在根据出现质量安全问题的产品来调整质量管理方式及质量认证标准。如《美国消费品安全法》规定："受理消费品安全委员会就消费品提起诉讼的地区法院有权宣告涉案产品为有急迫危险的产品，并且准许采取一些临时性或永久性的补救措施，以保护公众免遭产品的危害。"这样的补救措施包括强制性命令要求被告将产品存在的危险通知相关购买者，告知公众，并且召回该产品，对其予以修理、更换，或者退回该产品的货款。

2.3.3.6 **激励制度**

美国政府采取的激励方式主要有设置国家质量奖、资助小企业接受质量管理咨询服务等。美国质量奖的国际知名度最高，其衡量标准在于提高企业业绩、改善整体效率，从而促进企业间最佳经营管理实践与经验的相互交流与资源共享。该奖项在白宫由总统亲自颁发，每年申请企业高达 20 万家，获奖名额保持在 3 万 ~ 5 万家，其致力于保持良好的激励效应和权威性。

2.3.4 中美产品质量安全监管方式对比

2.3.4.1 **政府产品质量监管理念**

中美两国政府在产品质量监管过程中都贯彻了预防的理念，而差异在于，风险管理理念成为美国政府产品质量监管中的一贯的指导思想并得到充分运用，风险管理的导向明显；而我国风险管理理念不成熟，运用不多，风险管理导向不明显。

中美两国产品质量监管理念中市场机制的理念体现程度有明显差异：抓大放小，充分发挥市场调节机制是美国政府产品质量监管的原则；中国在产品质量监管中管得过细，市场机制作用发挥很有限。

美国产品质量监管以保护消费者安全为中心，风险管理的取向或着力点明确；我国的产品质量监管则既要保护消费者，也注重推动经济发展和产业发展，还要推动企业产品质量提升，维持社会稳定，监管方向的多重性导致了风险管理理念贯彻底气不足，监管措施贯彻不彻底，执行不到位。

2.3.4.2 **产品质量监管体系的组织和制度设计**

法律法规：中美产品质量相关的法律，尽管处于不同的法律体系，但都规定了产品质量要求、政府监督、违法责任、处罚条款等内容，其核心内容并无实质差异。差异在于：（1）目的和价值取向不同：美国明确以保护消费者安全为中心；我国质量法主要是为质量监管时有法可依。（2）美国质量法大多属于民法范畴，原则上中国属于经济法范畴的《中华人民共和国产品质量法》约束力更强。但美国体系更完善，违法成本高，对消费者保护周到；而我国质量法体系并不完善，消费者维护权益的成本高，违法成本相对较低。

监管机构：美国严格按照产品种类划分，不同机构负责不同产品；我国存在既按照产品种类，也按照生产领域和流通领域的划分，存在分段监管。美国产品质量监管机构的唯一目标和核心职责是保安全，服务对象是消费者；我国的产品质量监管机构除了负责保护安全，还肩负着推动产业发展与转型升级、提高企业质量水平、维护市场和社会稳定等重大责任，服务对象既包括企业，也包括消费者。

技术法规和标准：美国针对风险因子制定统一产品质量技术法规和标准，其具体产品质量技术法规及标准是在其基础上的延伸；而我国主要是针对不同产品的质量技术法规和标准来控制产品质量，造成我国产品技术标准虽然多，却仍然有产品无标准可依。

监管体系的开放性：美国的产品质量监管体系以开放性为导向，信息共享和民众参与程度高；中国各个产品质量监管责任部门信息相对封闭，信息交流不足，民众参与程度低。

2.3.4.3 风险管理手段及其实施

行政许可：美国对针对高风险产品实施行政许可，管理范围窄，门槛高；我国行政许可范围相对较宽，门槛较低。

质量认证：美国更多地依靠市场，由行业协会等第三方机构开展认证；而中国以由政府主导的强制性认证为主，而民间认证力量微小、市场的认可程度不高。

产品抽检：美国依据风险监管原则针对疑似问题产品选择性抽查，目的是为了发现风险；目前我国主要按计划，几乎是对产品质量进行普查，并以“合格率”越高越好，既未作事先的风险分析，也未突出“发现风险”的目的。

产品分级分类监管：美国在风险评估的基础上，依据产品风险等级来实施产品分类分级监管；我国对产品也采取分类管理办法但未对其进行风险评估，全面监管，监管重点不突出。

召回制度：美国建立有完善的召回体制，并辅以完善的法律法规制度及信用机制为其落实作保障，我国的召回配套措施不到位而实施乏力。

2.4 欧盟的产品质量监管体制

2.4.1 监管机构

欧盟产品质量监管机构由欧盟各国成员构成，包括代表共同体的欧盟委员会、代表成员国的理事会、代表欧盟公民的议会、负责财政审核的欧洲审计院、负责法律仲裁的欧洲法院。由欧盟委员会统一管理，协调各成员国，各成员国根据欧盟委员会出台的一般法制定自身的监管法律法规，并在欧盟委员会的组织协调下开展涂料产品安全监管工作。

2.4.2 法律体系

欧盟技术法规的建立与完善，是适应完成欧盟内部统一大市场的要求，旨在保护消费者的安全、健康和环境保护。欧盟技术法规是具有法律效力的涉及产品检验检测的重要组成部分，用以发布与实施技术法规的形式，保证产品质量安全。技术法规的主体由新方法指令与旧方法指令构成。从1960—1985年发布近300个“旧方法指令”，有关消费品检测方法主要集中于食品、化学品、机动车及药品等领域。1985年以来发布25个“新方法指令”，涉及安全、健康和环境保护、消费者保护的领域，包括玩具、机械设备、人身保护设备、燃气器具、电信设备等。

近年来，欧盟在消费品领域不断修订法规，强化有毒有害物质监管。欧盟议会和欧盟理事会于2006年通过了欧盟化学品管理新法，即《关于化学品注册、评估、许可和限制规定》（简称REACH）。REACH法规是欧盟基于多年管理经验，为保护人类健康和环境安全所制定的一部至今为止对化学品最为严格的管理体系。该体系将欧盟市场上包括涂料在内的约三万种化工产品及其下游的纺织、轻工、制药及众多行业的产品纳入欧盟统一的监管体系，对化学品的整个生命周期实行安全管理，并将原来由政府主管机构承担的收集、整理、公布化学品安全使用的责任转由企业承担。

2.4.3 监管制度

2.4.3.1 欧盟自愿性标准体系的技术协调

欧盟通过多层次的安全标准体系确保产品质量符合技术规范。关于产品质量安全的技术规范与基本要求是通过具体化为一系列详细的安全标准来实施。标准通常涉及复杂的技术问题，也会涉及多方利益关系问题，由此标准的制定者一般为非政府机构，与政府部门颁布的技术规范或基本要求相比，标准不具有强制性及法律约束力。欧盟标准，即欧盟协调标准（Harmonized Standards）主要由欧洲标准化委员会（CEN）、欧洲电工标准化委员会（CENELEC）和欧洲电信标准学会（ETSI）三个机构制定。

2.4.3.2 实施风险管理

欧盟委员会健康和消费者保护总理事会于2004年正式启动“非食品类消费品快速预警系统（the Rapid Alert System for Non-food Consumer Products，RAPEX）”。当产品对消费者的安全和健康存在“严重和紧迫的危险”，成员国应采取或拟采取紧急措施以阻止或限制该产品在其领土销售和使用时，成员国应立即通知欧盟委员会。委员会收到消息后会立即检查采取紧急措施是否符合通报条件，然后将消息转发给其他成员国。通过这种信息双向传递机制，可以确保在市场上被确认为危险产品的相关性息能在欧盟成员国间得到迅速共享，防止并限制向消费者供应这些产品。

2.4.4 中国与欧盟产品质量安全监管方式对比

2.4.4.1 消费品质量安全信息流通

所有欧盟国和欧盟经济区域国家在内的近30个国家加入了欧盟RAPEX系统，实现信息共享；而我国目前的消费品安全信息分布于卫生、工商和质检等多部门，缺少对数据进行系统分析和资源共享的平台。

2.4.4.2 **风险评估与预警**

目前欧盟的风险评估技术处于领先地位，通过风险评估、风险管理和风险信息通报来保证消费品的风险控制在可以接受的范围内；而中国的风险评估工作目前还仅仅处于理论引入阶段，并没有很好地运用于消费品安全风险评估的实践中。

2.5 英国的产品质量安全监管体制

2.5.1 监管机构

英国作为欧盟的成员国，具有欧盟及国家两个层级的产品质量安全监管体系。在欧盟的统一指导下，英国政府根据欧盟欧洲化学品管理局（European Chemicals Agency，ECHA）的最高标准调整其监管机构，加强涂料等化学品安全法规的执行。

英国产品质量的监管机构十分精简，主要由公平交易局、垄断与合并事务委员会、限制性商业行为法院三个机构负责。英国在对产品质量进行监管的过程中，公平交易局发挥了重要的作用。公平交易局在产品质量监管的过程中主要负责调查、协议登记、提请禁令、决定特免等方面。公平交易局局长有权对不顾消费者健康、安全或其他利益而坚持违法行为的任何人向公诉机关检举，有权要求违法者就其不再从事此类行为提供担保。英国垄断与合并事务委员会是一个由专家组成的顾问委员会，该委员会直接向国会负责，主要是根据公平交易局或国务大臣提供的材料，对有关活动进行调查并做出相应的报告。报告主要是建议的形式，并不具备裁决权，但国务大臣有可能根据该报告授权公平交易局采取行动。限制性商业行为法院是根据英国 1956 年的《限制性贸易行为法》成立的，对公平交易局提供的材料和案件进行审理。涂料作为化学品的属性，其还受到英国化学品主要管理机构英国环境食品和乡村事务部（DEFRA）、英国环境署（EA）、英国健康与安全执行局（HSE）的监管。

2.5.2 法律体系

英国对涂料产品的质量安全监管主要采用欧盟 ECHA 的法律、法规和技术标准。在坚持基本原则的基础上，对于具体问题英国根据国情做出具体规定。

英国国内关于产品质量监管的法律主要有 1968 年颁布实施的关于产品说明的《交易说明法》、1978 年的《消费者安全法》和 1987 年的《消费者保护法》。英国产品质量安全监管法律法规的特点是体系完善，法律责任明确严格；实行垂直管理，监管机构职责明确；注重制度建设，长效监管机制作用突出。

2.5.3 监管制度

2.5.3.1 **标准化立法**

英国是标准化立法最早的国家。英国标准学会（British Standards Institution，BSI）是世界上第一个国家标准化机构，英国政府承认并支持的非营利性民间团体，它不从属于政府而独立行使其职能。根据皇家宪章，它统一组织管理英国全国的标准化工作，只有 BSI 发布的标准，才是英国的国家标准，并以 BS（英国标准）的名义发布。BSI 制定的标准，都是自愿性标准，不属于英国法律体系。但英国政府与 BS I 密切合作，充分利用标准的作用。1982 年英国政府发布白皮书《标准、质量和国际竞争》，通过宣传质量的重要性和鼓励使用标准来提高工业和商业的效率和竞争，即（1）政府鼓励独立的（产品）认证制度，制定国家认可制度和公认的认可标志，以及开展质量意识运动；（2）政府与 BSI 更密切合作，制定标准作为公共采购和政府条例的基础，引导工业和商业界使用标准提高其在国内外市场上的地位；（3）政府在制定法规时，承诺尽可能地引用这些标准；（4）公共采购单位更多地采购按国家标准生产的产品。

2.5.3.2 质量认证

世界各国通行的产品质量认证办法首先是从英国开始的。1903 年 BSI 建立了认证体系，1919 年英国政府颁布的《商标法》，确立了认证标志的合法地位。BSI 产品认证的类型比较多，主要有风筝标志认证、安全标志认证、工厂能力的评定和注册、BS 9000/CECC 和 IECQ 认证体系等。为了保证认证工作的质量，英国政府建立了实验室认可制度、质量保证首席评定员登记制度和认证机构的认可制度（NACCB）。

2.5.3.3 安全生产行政许可

英国实施的安全生产行政许可主要有两种方式:（1）依据具体的行政法规（regulation）的规定程序，对符合条件的责任主体（企业、雇主或个人）发放许可证、出具结论信函、资格证书等书面凭证，如生产或储存爆炸品的企业须向 HSE 提交书面申请材料，经 HSE 审查，向企业颁发许可证；（2）责任主体（企业或雇主）编写安全报告，经 HSE 认可或批准。

2.5.4 中英产品质量安全监管方式对比

2.5.4.1 监管机构

我国产品质量安全监管部门职能划分主要依赖政府调制与法律规定，国家质检总局与地方各级质量技术监督局构成产品质量监督管理主体。此外，还包括国家工商行政管理总局及下属消费者权益保护局、商务部与农业部、海关总署监管司等监管部门。这种多部门监管方式，更容易造成监管职能交叉重叠、监管资源分散，使得沟通协调成为影响监管效率的重要因素，削弱了监管力度。而英国安全监管部门比较单一明了，因此各机构部门的监管职责也更为明确。

2.5.4.2 民众参与度

英国十分重视消费者对产品质量安全的知情权，通过向公众公布有关农产品质量安全信息，为消费者提供农产品质量安全建议，有效地保护了消费者的生命健康；中国各个产品质量监管责任部门信息相对封闭，信息交流不足，民众参与程度低。

2.6 法国的产品质量安全监管体制

2.6.1 监管机构

法国作为欧盟的成员国，接受欧盟的统一指导。在法国国内，公平贸易、消费事务和欺诈总局是对食品、工业产品和服务等进行监管的主管机构。该机构负责制定关于食品、工业产品和服务的安全规则，并且对生产、进口和出口的产品都实施全面的监督，以维护公平交易和实现对消费者的保护。同时，法国消费者安全委员会是解决产品安全问题的咨询机构，发挥着为消费者发布危险产品信息的重要作用。

2.6.2 法律体系

法国根据欧盟安全指令制定本国涂料等产品的质量安全法律法规。1984 年 1 月 29 日法国《消费者保护法》生效。

2.6.3 监管制度

2.6.3.1 安全标准制度

法国国家标准（Norme Francais，NF）由成立于 1916 年的法国标准化协会（Association Francaise de Normalisation，AFNOR）负责制定。目前该协会下设 39 个标准化局，有 1300 个标准化委员会。NF 由各标准专业局编制草案，经 AFNOR 审核后，上报主管部门批准后正式颁布。现行法国国家标准一万余件，一般每隔五年审议一次。

2.6.3.2 质量认证

法国是世界上开展认证较早的国家之一。1938 年 11 月 12 日法国政府颁布了关于质量认证的法令，1939 年 1 月 10 日政府颁布了有关政令，按照该法律规定，从 1938 年开始实行产品质量认证制度。设认证指导委员会，由制造商、试验室、消费者、法国标准化协会及政府代表共同组成。

2.6.3.3 缺陷产品召回

生产者在对缺陷产品进行召回时，只是将产品的缺陷情况告知该产品的零售商、售后服务中心或者维修商等，而不向社会公众发布召回信息。上述机构同时得到授权，消费者在对有缺陷的产品进行维修、保养时，要对该产品采取修理、更换、退货等有效措施，消除因其缺陷所可能产生的安全隐患。

2.6.4 中法产品质量安全监管方式对比

为了避免监管工作出现空档以及预防执法任务重叠现象的发生，法国政府特意建立起每一部门各司其职、相互协作的食品安全监管体系；我国也实行多部门监管方式，但监管职能交叉重叠、监管资源分散，使得沟通协调成为影响监管效率的重要因素，削弱了监管力度。

2.7 德国的产品质量监管体制

2.7.1 监管机构

分级负责是德国联邦体制的核心思想，这一思想决定了责任和决定权必须落在能够解决问题的最小社会团体，即先是个人，然后是家庭、社团、地方、联邦州和整个国家，最后直至欧盟和联合国。这种称为“分级负责”的原则也被认为是德国产品质量监管体现的最突出的特点。

德国的产品质量监管国家级的机构有：消费者工作委员会、消费者保护协会、食品与农业部（BMELV）等。

联邦各州政府负责执行落实各项监管措施和成立相关的机构。各州分三级管理：州一级的最高机构负责监督、设立机构和颁布规定；中级机构负责服务性和专业的监督；基层的机构负责监督的具体事务，如检查和抽样等实施工作。这种机构形式是德国所特有的模式。

2.7.2 法律体系

德国根据欧盟安全指令制定本国涂料等产品的质量安全法律法规。在德国国内，德国在产品质量监管方面的法律有《食品法》《食品改革法》《药品法》《反正当竞争法》《反限制竞争法》《商标法》《折扣法》《商品标价法》等 20 多部法律，法律条文相当细化，体现了德国人严谨的作风。

2.7.3 监管制度

2.7.3.1 安全标准制度

德国行业标准化组织在产品质量管理中也发挥着重要作用。标准化组织工作的依据正是国家颁布的各项行业法规，将本已数十万条的行业法规转化为具体的业内标准，这些标准又成为认证机构质量认证和企业生产的依据。

2.7.3.2 质量认证

德国标准化学会和德国电器工程师协会是德国两个主要的产品认证机构，分别从事 DIN 标志和电工、电子产品的认证。此外，于 1971 年 12 月成立的联邦德国商品标志协会有限公司是专门负责符合 DIN 标准的产品认证工作的机构，它隶属于德意志标准化学会。

德国产品安全管理的指导理念是“流程决定结果”，为了保障最终产品的安全，德国建立了一整套的独特的“法律—行业标准—质量认证”管理体系。在完善的法律法规的基础上，细化为数万条的行业标准，然后由质量认证机构对企业生产流程、产品规格、成品质量等进行逐一审核，企业最终只需要拿到认证机构的认证结果。这样，既保证了繁杂的法律法规的有效实施，也便于企业向消费者证明自身产品的安全性。

在该流程中，质量认证机构有着相当关键的位置，严格的质量认证制度在创造“德国制造”声誉的过程中也功不可没。比如德国著名的 GS 认证，其含义是德语“Geprufte Sicherheit”（安全性认证），也有“Germany Safety”（德国安全）的意思。它以德国产品安全法为依据，按照德国工业标准 DIN 及欧盟统一标准 EN 进行检测。虽然这是一种非强制的自愿性认证，但在普通消费者心目中，一个有 GS 标志的产品设备在市场更有竞争力，因此几乎所有的德国设备制造商都积极进行此项认证。

2.7.3.3 严谨的召回制度

德国具有一整套完善的质量事前管理、事中监控、事后处理程序，即使在发现质量问题后，通过主动召回等程序不仅能妥善解决，相反往往还会增加海外消费者对产品的信任度。

2.7.3.4　建立健全市场商品检验及市场信息咨询

德国有一些商品测试机构，其主要功能是进行商品社会检验、监督及咨询。事实证明，除立法之外，还必须建立健全市场商品检验及市场信息咨询，通过广泛的社会监督和大众媒介的宣传，给市场提供良好的透明程度。如商品测试基金会，这是由德国联邦政府建立的私营基金会，政府不直接干预其日常活动，这是其区别于世界上绝大多数国家类似机构的最显著特点，但就对商品检验的权威性来看，却又毫不逊色于其他国家，甚至更高。德国还建立广泛的消费者信息咨询服务，以此增强市场透明度以保护消费者。在德国，人们可通过各种消费者保护组织得到有关市场商品和劳务方面的信息，这些组织对诸如商品质量、价格、使用安全事项、环保影响等都能及时向广大消费者提供免费服务。他们还通过自己的刊物和报纸经常向用户进行如何加强自我保护的宣传教育。

2.7.4　中德产品质量安全监管方式对比

2.7.4.1　法律体系

德国产品质量监管法律体系极为健全和细密并覆盖整个市场，调节范围包括市场规则、交易规则、市场主客体、市场布局等领域，甚至对个别商品专门制定出法律予以调节。经过多年努力，我国在质量监管领域无法可依的局面已有相当程度的缓解和改善，但与发达国家相比，在立法方面还有相当大的差距。

2.7.4.2　质量管理理念

德国具有一整套完善的质量事前管理、事中监控、事后处理程序，尽管对产品质量的检验跟踪一点不马虎，然而从生产理论上讲德国人认为产品质量的好坏关键在于设计水平和制造工艺，因此重视产品的质量事前管理、事中监控。而我国是通过检验检测最终产品来控制质量。

2.8　加拿大的产品质量安全监管体制

2.8.1　监管机构

加拿大对涂料等消费品质量安全监管实行统一管理、分级负责、相互合作、广泛参与。卫生部、工业部等作为联邦政府机构统一负责加拿大全国消费品安全。加拿大联邦、省、市三级政府都负有食品安全的管理责任。高校、科研机构以及消费者协会等社会组织也都积极资源参与到质量安全监管的各项活动。

2.8.2　法律体系

加拿大的技术法规包括法案（Act）和条例（Regulations）两个部分，由各有关主管当局负责制定。加拿大共有法案 683 个，相关的条例有 3481 个。目前，加拿大用于产品安全性和效率认证的法案有 8 个，相关的技术条例有 40 个。

加拿大《危险产品法》（HPA）是化学品管理法规之一，于 1985 年颁布，是一项禁止危险产品发布广告、销售和进口的法规。该法规共管理 3 类危险产品：禁止性产品、限制性产品和受控产品。同时，对折叠式轻便婴儿车、含松脂或石油的蒸馏物、供烧烤食品用的木炭、儿童玩具等许多产品的质量和安全作出了明确的规定。

2009 年 6 月 12 日，加拿大下议院审议通过了《加拿大消费品安全法》(CCPSA)，该法取代《危险产品法》第一部分与附表，于 2011 年 6 月 20 日生效。CCPSA 的主要内容包括：介绍消费品的安全义务；禁止在加拿大制造、进口、宣传和销售任何会对消费者构成任何危险的消费品；制造商或进口商在被要求时能提供测试或研究结果；制造商或进口商保留相应的记录以保证产品的可追溯性；当业界得知与消费品的使用相关的严重或死亡事故时，应及时向政府报告并提交相应信息；允许有关当局检查产品及其相关文件；授权加拿大卫生部发起产品召回；提出对违规者的罚款和处罚标准。

《加拿大消费品安全法》新增了对某些特殊产品的要求，包括：革新加拿大儿童玩具安全法提案第一部分、机电危险、全球化学品分类和标注系统（GHS）提案、禁止包含双酚 A 的聚碳酸酯婴儿奶瓶提案、用于放入口中或可能放入口中的产品铅含量限制提案、软乙烯儿童玩具及儿童保育品邻苯二甲酸盐规定提案、危险产品（水壶）法规修订提案、滑雪和滑雪板头盔法律措施提案、危险产品（床垫）法规修订提案等。

2009 年 12 月 23 日，加拿大发布了关于《加拿大消费品安全法提案》的 G/TBT/N/CAN/290 号通报，通报内容涉及全球化学品分类和标注系统（GHS）提案，同时对玩具、婴儿床、滑雪板、床垫等多种产品进行了新的规定。2010 年 3 月 12 日，加拿大发布 G/TBT/N/CAN/304 号通报，提议降低表面涂层材料中的总铅限量。

2.8.3 监管制度

2.8.3.1 安全标准

加拿大标准协会（SCC）是国家标准体系的管理者，通过授权程序认可加拿大标准协会（CSA)、加拿大煤气协会（CGA)、加拿大通用标准局（CGSB）、加拿大保险商实验室（ULC)、魁北克省标准局（BNQ）制定标准。为了避免制定标准的重复性，每个标准组织负责不同领域的标准制定工作。

SCC 于 1998 年启动加拿大标准化战略计划。由工业、政府、非政府组织和标准制定组织的代表组成了顾问委员会，来自加拿大全国的标准化相关人员，如涉及环境及消费者利益的地区、联邦政府部门以及非政府组织参与了加拿大标准化战略的制定。标准化战略草案于 1999 年开始向公众征求意见，最终版本在 2000 年 3 月召开的加拿大全国标准化会议上发布，并称之为国家的重要计划。该战略为促进加拿大良好的经济、社会和环境提供了必要的标准化措施和指南，从而使国家标准体系对于环境的变化具有很好的适宜性。

2.8.3.2 质量认证

目前 CSA 是加拿大最大的安全认证机构，也是世界上最著名的安全认证机构之一。它对机械、建材、电器、电脑设备、办公设备、环保、医疗防火安全、运动及娱乐等方面的所有类型的产品提供安全认证。CSA Marking 为目前世界上最知名的产品安全认可标志之一，即使非强制实施，很多地区之厂商都以取得此标志作为对客户推荐其产品安全性之重要依据。

2.8.3.3 产品召回

卫生部负责的产品召回中，卫生部将产品安全监察及产品召回分为两个部分，即产品安全计划和产品安全监察及产品召回。产品安全计划的任务是对那些没有被其他法律覆盖的处于广告、销售和进口进程中的危险产品或潜在的危险产品的安全进行监管并向这些产品的用户提供安全信息。产品安全监察及产品召回，主要负责对国内或进口的药品、设备、放射性设备及与这些产品相关的广告进行安全监察并有权实行产品召回。

2.8.4 中加产品质量安全监管方式对比

2.8.4.1 监管机构设置

加拿大政府对产品质量安全监管实行统一管理、相互合作，以解决监管职能交叉、权责不清、体制不顺的问题；我国实行多部门监管方式，监管职能交叉重叠、监管资源分散，信息沟通不畅，削弱了监管力度。

2.8.4.2 监管体系的开放性

加拿大的产品质量监管体系以开放性为导向，信息共享和民众参与程度高；中国各个产品质量监管责任部门信息相对封闭，信息交流不足，民众参与程度低。

2.9 澳大利亚的产品质量安全监管体制

2.9.1 监管机构

澳大利亚保护消费者权益的联邦级最高政府机构有两个，一个是澳大利亚竞争和消费者委员会（ACCC），另一个是消费者事务部长级理事会（MCCA）。此外， 各州和地方政府都设有保护消费者权益的部门，主要由各州的公平交易办公室或消费者事务委员会负责。

实行消费者保护的主要非政府组织机构为澳大利亚消费者协会，它是一个完全独立的非营利、非政府组织，在澳大利亚公众中具有较强的影响力。

澳大利亚在联邦政府、州政府和地方政府三个层级都设有专门的环保机构，三个级别的环保机构通过密切合作完成澳大利亚的环保监管工作。

2.9.2 法律体系

顶层是法令，其数量少。第二层是法规，数量比法令多。法令和法规的制定都要经过立法程序，是必须遵守的法律。澳大利亚是联邦制国家，联邦政府和各州/地区都享有立法、司法和行政权。由于立法权利的分割，各州/地区之间的技术法规管理存在着缺乏统一和不协调的问题，给商品在各州/地区之间的流动造成了障碍。1992 年澳大利亚联邦和各州、地区政府签订了相互认可协议（MRA），对法规和标准进行了协调统一、相互认可。该协议经各州/地区立法程序后生效实施。澳大利亚没有专门的关于技术法规的分类，各种技术法规分散在设计制造业、交通、环保、食品药品、健康和安全、消费者保护等方面的法律中。

消费品必须符合澳大利亚贸易惯例法令/法规、各州的公平贸易法令/法规、烟草产品管理法令的要求，以及这些法令、法规引用的相关标准（消费品安全标准和消费品信息标准等）的要求。涉及消费品安全的法规主要发布在联邦立法机构（the Federal Register of Legislative Instruments，FRLI）的消费者保护通告栏中。

2011 年 1 月 1 日，澳大利亚发布了《澳大利亚消费者法案》（Australian Consumer Law，ACL），该法规于同日生效。该法案首次永久禁止十类消费品，此举将有助于降低有毒产品对消费者带来的威胁。在新的国家消费品安全系统之下，该禁令将在澳大利亚所有州和地区均具有法律效力。

2.9.3 监管制度

2.9.3.1 安全标准

澳大利亚标准化履行 WTO/TBT 的规定，坚持开放、独立、适当过程和共识的原则。为体现开放性，标准适用范围内的相关方和个人都有参与标准制定的机会；标准化技术委员会坚持中立，不被任何一方控制；标准制定过程所有有效目标都要取得结果；标准要经过大多数国家同意，但不是全体同意。在澳大利亚，标准本身是自愿性的。如果标准被法律法规引用或被法规作为符合法规的证明，则成为强制性标准。

澳大利亚环境标签标准（AELA）现约有几十项。由澳大利亚环境标签协会制定，涉及粘结剂、再利用塑料制品、再利用橡胶制品、再利用纸制品、环境改善产品、油漆、盥洗室用产品、铅酸电池、油墨、羊毛软绒地毯、石膏灰泥板、储水箱、家具及酒制品等，为强制执行。

2.9.3.2 质量认证

列入强制性认证范围的产品要进入澳大利亚市场，除了要符合澳大利亚联邦政府、各州/地区政府制定的相关法令/法规以及这些法令/法规引用的相关标准外，还要标志相应的认证标志。此外，没有列入强制性认证范围的产品，只要符合相关的澳大利亚国家标准或专业标准就可以进入澳大利亚市场。但是，为了增加其产品的市场竞争能力制造商可主动对其产品申请认证以及如与建筑产品相关的有 Code Mark 的安全认证。

2.9.3.3 产品召回制度

澳大利亚产品召回主要是由负责各个领域产品安全的联邦政府机构主导进行的。依据《贸易实践法》以及相应产品的法律法规及强制标准的相关规定，依据产品的销售渠道和销售范围来确定产品召回的级别，目前有贸易召回和消费者召回两个级别。

2.9.4 中澳产品质量安全监管方式比对

澳大利亚各州/地区立法分割，联邦政府以及各州/地区政府的法律和管理制度存在差异，使技术法规管理存在着缺乏统一和不协调的问题，给安全监管带来困难。我国施行自上而下统一分级管理，相对来说协调统一，便于监管。

2.10 中国台湾地区的产品质量安全监管体制

2.10.1 监管机构

中国台湾地区“标准检验局”（BSMI）是依据中国台湾地区《商品检验法》和《标准法》执行商品检验与发证业务的机构，是本地区最高商品检验机关，行政上隶属于中国台湾地区经济主管部门，主要任务为制修订中国台湾地区标准及推行国际标准质量保证制度和环境管理系统，负责核发强制性的商品检验标识（CI Mark）和产品验证标志（VPC Mark）等。凡经中国台湾地区经济主管部门公告为应检验的品目，须经检验合格后方可在中国台湾地区市场销售。

2.10.2 法律体系

由于中国大陆和台湾地区的社会制度不同，经济基础条件和发展阶段不同，制度、政策等方面差别较大。中国台湾地区的强制性法规有《商品检验法》，自愿性法规有《标准法》。

自 2012 年 1 月 1 日起，中国台湾地区“标准检验局”正式将“建筑用涂料”纳入应施检验品目：自 2012 年 5 月 1 日起将“建筑用涂料”纳入应施检验商品范围。

2.10.3 监管制度

中国台湾地区颁布的《商品检验法》规定：商品检验方式分为逐批检验、监视查验、验证登录及符合性声明四种，各种商品的检验方式，由主管机关指定并公告；商品检验的项目及检验标准，由主管机关指定并公告之；检验标准由主管机关依国际公约所负义务，参酌中国台湾地区标准、国际标准或其他技术法规指定；无中国台湾地区标准、国际标准或其他技术法规可供参酌指定的，由主管机关制定检验规范执行；出口商品的规格与检验标准不符的，经贸易主管机关核准后，按照买卖双方约定的标准进行检验；进口或中国台湾地区制造的商品如因特殊原因，其规格与检验标准不同的，应先经“标准检验局”核准；经中国台湾地区与他国、区域组织或国际组织签定双边或多边相互承认协议或协约者，“标准检验局”须承认依照该协议或协约规定所签发的试验报告、检验证明或相关验证证明。

2.10.4 两岸产品质量安全监管方式对比

由于中国大陆和台湾地区的社会制度不同，经济基础条件和发展阶段不同，在促进进出口商品符合安全、卫生、健康、环保、防欺诈以及保护消费者权益，促进经济正常发展的相关制度、政策等方面差别较大，在市场监管、检查验证、标准方法、认证认可等技术性贸易措施方面的差异也较大，给两岸货物贸易的产品质量带来风险。

中国大陆和台湾地区的许多产品在产品标准和检测方法方面存在较大差异，造成产品质量评判存在风险。

中国大陆和台湾地区的许多工业产品在技术法规、合格评定程序等方面也存在很大的不同，而且中国台湾地区在这些方面的变动比较频繁，这给产品质量评判带来风险。

2.11 日本的产品质量监管体制

2.11.1 监管机构

日本在产品质量安全监管的机构设置上实行的是官民结合的机制，产品质量安全监管既有政府的官方机构，也有民间机构。具体来看，和涂料产品相关的主要有：

消费者保护会议：作为总理府附属机构的消费者保护会议，是日本政府有关消费者问题的最高审议机构。主要审议事项有：有关防止危害的重要政策、有关计量正确化的重要政策、有关规格正确化的重要政策、有关确保公正自由竞争等的重要政策、其他有关消费者保护特别重要的政策。

经济产业省：具体负责质量检验、认证和实验室认可。经济产业省分别对其管辖的产品实行质量检验和认证，并使用认证标志。日本经济产业省实行的检验、认证、认可制度，依据的法律文件是《工业标准化法》，经济产业省下设日本工业标准调查会（JISC），JISC 在日本工业标准的制定过程中发挥着非常关键的作用。

消费者保护行政机构：为各省厅所属，主要职能有：（1）消费者问题；（2）消费经济。

国民生活中心：是政府的消费者政策研究机关，全国范围的消费生活中心的中央机构，在经济企划厅的监督下，进行消费者政策的研究、处理投诉、提供市场信息和消费者教育研修，从事商品测验、检查等业务。

2.11.2 法律体系

日本以《消费者保护基本法》为中心，包括中央、地方政府制定的条例在内的有关保护消费者利益的 260 多种法规在内。已经形成了一个比较完备的产品质量安全监管的法律体系。

日本从总体法、基本法及针对不同类别制定的产品法角度出发展开立法，对监管机构及生产厂商等权责利进行了详尽的规定。

和涂料产品相关的有：

总体法：《工业标准化法》，主要内容为：（1）促进工业标准化，改善工矿产品品质；（2）制定“日本工业规格”（JIS），即日本的国家标准；（3）JIS 的合格评定制度。

基本法：《消费者保护基本法》，主要内容为：（1）制定有关消费者政策；（2）制定有关适合于当地社会、经济实际情况的消费者保护政策；（3）规定企业在防止危险、正当计量和标识的实施工作中，具有协助国家和地方公共团体贯彻实施有关消费者保护方针、政策的责任和义务。

产品法：这类法律有《消费生活用制品安全法》、《有关含有毒物质的家庭用品规则》、《工业标准化法》等，旨在保护消费者生命安全和健康。

2.11.3 监管制度

以下为日本政府比较典型的质量监管制度。

2.11.3.1　强制性检验制度

日本《出口检查法》重点规定了进出口商品的强制性检验，规定若干产品必须由日本政府或政府指定的民间检验机构进行检验，称之为法定检验商品种类。生产该类产品的企业必须按照规定向政府或政府指定的检验机构申报检验，经检验合格后发放检验合格证书，附加 BESST 标志，如此经海关审核验证后予以通关放行。

2.11.3.2　民间检验机构

日本政府极为重视组织与利用社会监督检验力量，国内民间检验机构由政府主管当局依据《出口检验法》的规定批准营业。这些机构代表政府对出口产品检验并承担“法定检验”任务。政府当局为确保检验工作的公正准确性，对该些民间检验机构的检验技术水平、设备手段、检验能力与范围等进行严格控制与考核认证，对所制定机构的检验业务与结构进行不定期抽查等监督管理。

2.11.3.3　激励制度

日本政府极为重视激励作用，多年以来形成了以“戴明奖”为主，包括质量管理奖和质量激励奖等比较完善的质量激励体系。

2.11.3.4　强制性认证制度

日本有 25 项认证制度，其中强制性认证有 4 种：（1）消费品安全认证，指使用不当可能发生事故的产品；（2）电器产品安全认证，指使用中容易引起危险的产品；（3）石油液化器具安全认证，如调压器、高压管道等；（4）煤气用具安全认证的产品。强制性认证的产品，在质量、形状、尺寸和检验方法都满足特定的标准，否则不能生产与销售。

2.11.4　中日产品质量安全监管方式对比

2.11.4.1　监管机构

中日在产品质量安全监管机构上的共同点是，均为各部门分头管理，以政府管理为主。不同点在于日本实行官民结合，产品质量安全监管也有民间机构积极加入进来，起到了重要作用；而中国的民间团体的规模和力量较小，未产生较大影响力。并且产品进入市场的认证许可由政府认证转向民间认证，相对来说中国的民间认证认可度不高。

2.11.4.2　法律法规

日本已形成了一个比较完备的质量监管法律体系，并且不断根据社会发展变化进行及时修订。而我国在消费品安全管理方面尚没有明确的法律法规，急需制定中国的《消费品安全法》，同时由于中国国情的原因，我国相关法律修订的频次相对较低。并且相对日本，我国消费者维护权益的成本高，违法成本相对较低。

2.12　借鉴与启示

2.12.1　加快消费品安全立法进程

由于消费品种类繁多，以及消费者缺乏必要的专业知识，从而使得消费品安全管理工作非常复杂。从国外的消费品安全监管经验来看，其设置的专门监管机构往往是在法律框架下行使监管权力的。

目前消费品安全管理方面尚没有明确的法律法规，消费品安全问题所带来的负面影响越来越大。与此同时，对于严重影响消费品安全的有毒有害物质含量等目前还没有相应的法律法规。目前的《消费者权益保护法》更多强调对消费者造成损失的救济，不具备预防消费品危险的功能。因此，现在急需制定中国的《消费品安全法》，对消费品定义、适用范围、管理主体、政府职责、生产商义务、消费者权利、监督管理和法律责任进行明确规定，从而达到提前消除消费品潜在危害，预防对消费者可能造成伤害的立法目的。

2.12.2 构建消费品安全标准体系

消费品安全标准作为对法律法规的有效补充，对于保障消费品质量安全，维护消费者利益，促进国际贸易有着非常重要的意义。在消费品质量安全标准体系完善过程中，所涉及的标准总体上可分为两大类，一类是针对消费品危害的共性问题所制定的基础安全标准，另一类是针对消费品特征的差异性和消费品的特殊安全要求所制定的产品安全标准。我国应从这两种标准入手，以基础安全标准为重点，构建一个“横向”（基础标准）和“纵向”（产品标准）相结合的消费品质量安全标准体系。

从目前我国消费品安全的基础标准来看，已经完成的相关标准包括《消费品安全风险评估通则》、《消费品安全制造管理指南》和《消费品安全标签》等国家标准，这些标准从风险评估、生产制造和消费警示的角度对消费品安全方面的内容进行了明确规定。在未来的标准体系规划中，我国应该更强调类似的通用性安全标准的设计和制定。

2.12.3 分类监管，构建全面的产品质量监控体系

随着社会主义市场经济的完善，政府对产品质量的管理应从过去的微观单个指导，转向主要依靠政策导向的宏观指导，通过系统全面的政策法规达到监管产品的目的，而不再直接干预公司内部的质量管理方式，因此应建立包括政府、企业、个人、民间组织和社会在内的、系统而全面的产品质量监控体系。对强制性标准产品和推荐性产品标准实行分类监管是构建全面质量监控体系的前提，在美国、欧盟等发达市场经济国家的质量监管中，政府原则上只负责对各类产品的质量安全监督，对那些不涉及安全、健康和环保的产品其性能质量由市场调节。因此，从提高产品质量监控的有效性角度出发，可以把产品分为两大类，一类是涉及人体健康和人身财产安全的产品，对这类产品主要以政府监控为主、其产品标准具有统一性、规范性、强制性；另一类是一般性产品，对这类产品主要是通过市场机制为主进行调控，其产品标准具有多样性、灵活性、参考性。标准水平低、标准体系不健全、标准之间相互矛盾，是影响质量工作有效性的严重问题。

整合我国产品安全监管体系，依照产品“从原材料到消费”的全过程生产流程，包括加工、生产、流通与消费过程及相关监管部门履行的监管职能进行清晰界定与分工。整合产品质量安全监管体系可采取由上至下或由下至上的路径推进，能够针对产品安全中出现的突发性问题，及时采取措施调整监管部门的职能，解决监管职能不清、重

复监管及监管效率低下等问题，提高监管工作效能。

2.12.4 落实生产企业责任，实施缺陷产品召回制度

实施缺陷产品召回，是落实生产者和销售者产品质量责任主体的有效措施。近年来，因缺陷产品进入市场而引发的公共安全问题已经成为社会普遍关注的热点。在建立和完善社会主义市场经济体制、参与国际经济一体化的过程中，建立缺陷产品管理制度已成为我国经济发展和法制建设的必然选择。召回制度是针对已经流入市场的缺陷产品而建立的，在发达国家比较普遍。我国有关缺陷产品召回制度方面的立法主要体现在《中华人民共和国合同法》《中华人民共和国消费者权益保护法》《中华人民共和国产品质量法》和《缺陷汽车产品召回管理规定》之中。这些法律规定在原则上为缺陷产品召回制度的建立提供了法理基础，但缺乏操作性，一个完整的缺陷产品召回制度应该是具有很强操作性的，它包括主管部门对召回的监督管理权，经营者承担具体召回的义务，快速有效可操作的召回程序，违反义务的处罚规定等各方面的法律法规体系。缺陷产品的法制化关系到千家万户，有法可依、违法必究实质上是确保了厂家、商家和消费者的公平，确保了厂商与消费者之间的权益，是双赢的法规框架，可以促进商品消费的健康发展。依法规范厂商的经营行为，检测认定产品，强制厂商召回问题产品是“产品召回制度”的基本运作方式。因此，应制定和完善召回的法律、法规，尽快出台《缺陷产品召回管理条例》，确立缺陷产品召回制度的立法宗旨、基本原则、执法主体、召回标准、召回程序和法律责任，从而保证缺陷产品召回制度具有较高的法律效力。涂料产品涉及公众安全和健康，应纳入产品召回对象的范围。

2.12.5 建立高效统一的检验检测体系

针对技术机构存在的问题，按照政企分开、政事分开、企事分开的原则，引入市场机制，合理布局、优化结构、抓大放小，科学配置技术机构资源以适应市场经济的需要。因此，整合政府各检验机构的资源，建立统一高效的检验检测体系，是开展产品质量监管的技术支撑和保证。应按照抓大放小的原则，大力培养国家检验检测技术中心，调整地方技术机构布局，打破原来按行政区域层层设置技术机构的模式，按照地方经济区域的划分重新布点，覆盖辖区。由于非食品产品检验检测机构主要集中在国家质检总局，而地方质量技术监督部门和出入境检验检疫部门相互独立，各自都设立产品检验检测机构，可利用国家质检总局协调，在产品检验检测资源方面进行合作和共享。

2.12.6 完善消费品安全风险评估技术

为确保消费品安全，需要在消费品合理使用和可预见错误使用情况下，对消费品中的物理类、化学类和生物类危害进行风险评估。在发达国家中，目前欧盟的风险评估技术处于领先地位。

近年来，我国消费品安全管理部门和生产企业对消费品安全风险的意识不断提高，但目前风险评估工作还仅仅处于理论引入阶段，并没有很好地运用于消费品安全风险评估的实践中。因此，结合我国的实际情况，建立和完善消费品安全风险评估的技术

体系，应成为我国消费品安全管理的关键环节。

3 涂料领域标准化工作机制（即标准化技术机构）的比较

3.1 中国标准化技术机构

中国国家标准化管理委员会（Standardization Administration of the people’s Republic China，SAC）又称中华人民共和国国家标准化管理局，是国际标准化组织（ISO）中代表中华人民共和国的会员机构，是中华人民共和国国家质检总局管理的事业单位，是国务院授权的履行行政管理职能，统一管理全国标准化工作的主管机构。

国务院有关行政主管部门和有关行业协会也设有标准化管理机构，分工管理本部门本行业的标准化工作。各省、自治区、直辖市及市、县质量技术监督局统一管理本行政区域的标准化工作。各省、自治区、直辖市和市、县政府部门也设有标准化管理机构。国家标准化管理委员会对省、自治区、直辖市质量技术监督局的标准化工作实行业务领导。

目前，国家标准化管理委员会共有各类专业标准化技术委员会 500 多个，其中负责涂料和颜料方面的标准化工作的技术委员会是 SAC/TC5 涂料和颜料标准化技术委员会，下设六个分技术委员会：

SAC/TC5/SC1：涂料和颜料/基础标准

SAC/TC5/SC2：涂料和颜料/涂漆前金属表面处理及涂漆工艺

SAC/TC5/SC7：涂料和颜料/涂料产品及试验方法

SAC/TC5/SC8：涂料和颜料/颜料产品及试验方法

SAC/TC5/SC9：涂料和颜料/钢结构防腐涂料体系

SAC/TC5/SC10：涂料和颜料/涂料用漆基产品和试验方法

除 TC5/SC6 秘书处设在中国船舶工业总公司第十一研究所（上海）外，TC5 总会及其余各分会 SC1、SC7、SC8、SC9、SC10 秘书处均设在中海油常州涂料化工研究院有限公司内。SAC/TC5 及其各分技术委员会的委员是由热爱标准化工作的涂料和颜料方面的来自企业、科研院所、检测机构、高等院校、认证机构、行业协会等有关方面的专家组成，其中通常包括主任委员 1 人，副主任委员 2～3 人。秘书处设秘书长 1 人，秘书若干人，委员若干名。

目前涂料和颜料标准化技术委员会（SAC/TC5）归口的涂料方面的标准（包括国家标准和行业标准）有 340 项，颜料方面的标准（包括国家标准和行业标准）有 82 项，既包括方法标准，也包括产品标准；既包括常规性能标准，也包括涉及有害物质的安全标准。

3.2 国际标准化组织（ISO）

国际标准化组织（International Organization for Standardization，ISO）是目前世界上最大、最有权威性的国际标准化专门机构，是联合国经社理事会的甲级咨询组织和贸发理事会综合级（即最高级）咨询组织。国际标准化组织是一个由国家标准化机构组成的世界范围的联合会，现有 140 个成员国。

ISO 的组织机构包括：ISO 全体大会、主要官员、成员团体、通信成员、捐助成员、政策发展委员会、合格评定委员会（CASCO）、消费者政策委员会（COPOLCO）、发展中国家事务委员会（DEVCO）、特别咨询小组、技术管理局、技术委员会 TC、理事会、中央秘书处等。

ISO 的组织机构分为非常设机构和常设机构。ISO 的最高权力机构是 ISO 全体大会（General Assembly），是 ISO 的非常设机构。1994 年以前，全体大会每 3 年召开一次。全体大会召开时，所有 ISO 团体成员、通信成员、与 ISO 有联络关系的国际组织均派代表参会，每个成员有 3 个正式代表的席位，多于 3 位以上的代表以观察员的身份参会；全体大会的规模大约 200～260 人。大会的主要议程包括年度报告中涉及的有关项目的活动情况、ISO 的战略计划以及财政情况等。ISO 中央秘书处承担全体大会、全体大会设立的 4 个政策制定委员会、理事会、技术管理局和通用标准化原理委员会的秘书处的工作。自 1994 年开始，根据 ISO 新章程，ISO 全体大会改为一年一次。

ISO 的主要官员有 5 位，他们是：ISO 主席（President）；ISO 副主席（政策）（Vice President，Policy），ISO 副主席（技术）（Vice President，Technical Management）；ISO 司库（Treasurer）；ISO 秘书长（Secretary-General），所有主要官员由理事会任命，享有终身任期；ISO 秘书长负责主持 ISO 的日常工作。

ISO 现有技术委员会（TC）187 个和分技术委员会（SC）552 个。目前 ISO 中涉及涂料和颜料领域的技术委员会分别是 ISO/TC35 色漆和清漆技术委员会和 ISO/TC 256 颜料、染料和体质颜料技术委员会。ISO/TC35 下设四个分技术委员会，分别为：（1）TC35/SC9 色漆和清漆通用试验方法分会；（2）TC35/SC10 色漆和清漆用漆基试验方法分会；（3）TC35/SC12 色漆和有关产品施涂前钢底材处理分会；（4）TC35/SC14 钢结构用保护性色漆体系分会；原来还设有 TC35/SC1 术语分会，因其制定涂料和颜料术语标准的工作目前已基本结束，故该分会目前已撤消；原来的 TC35/SC2 颜料和体质颜料分会也撤销，成立了新的技术委员会 ISO/TC 256。ISO/TC35 现有有效国际标准 229 个，其中有 7 个属于 2014 年新发布的标准；正在制修订中的国际标准 82 个。其中涉及涂料安全标准中的测试方法标准有 10 个，无相关的产品安全标准。ISO/TC 256 颜料、染料和体质颜料技术委员会是 2011 年成立的一个技术委员会，其前身 ISO/TC35/SC2 颜料和体质颜料分会，但涉及的产品应用领域拓宽，除了涂料用颜料和体质颜料外，还包括其它用途用颜料和体质颜料，染料是新的应用领域。ISO/TC 256 现有有效的国际标准 80 个，均为 2013 年及以前发布的标准，目前还有 9 个标准已通过各阶段投票，即将作为正式标准发布；正在制修订中的国际标准 13 个。其中涉及颜料安全标准中的测试方法标准有 7 个，无相关的产品安全标准。

3.3　欧洲标准化委员会（CEN）

欧洲标准化委员会（Comité Européen de Normalisation，CEN）成立于 1961 年，总部设在比利时布鲁塞尔。以西欧国家为主体、由国家标准化机构组成的非营利性国际标准化科学技术机构，是欧洲三大标准化机构之一。其宗旨在于促进成员国之间的标准化协作，制定本地区需要的欧洲标准（EN，除电工行业以外）和协调文件（HD），CEN 与 CENELEC 和 ETSI 一起组成信息技术指导委员会（ITSTC），在信息领域的互连开放系统（OSI），制定功能标准。

CEN 由全体大会、管理委员会、技术管理局、行业技术管理局、规划委员会、认证中心、技术委员会和认证委员会组成。除技术委员会和认证委员会外，上述机构均由中央秘书处直接管理。全体大会每年召开一次公开研讨会，探讨和解决工作中遇到的具体问题。管理委员会是 CEN 全面工作的管理机构。技术管理局下设建筑与土木工程、机械制造、保健、工作现场卫生安全、供热、制冷与通风、运输与包装、信息技术等 7 个行业技术局以及煤气、食品、水循环、铁路等 4 个规划委员会，其任务是负责相关技术委员会之间的工作协调，以及同协作机构的联系工作。

CEN 现有技术团体 415 个，分技术委员会 54 个，工作组 1605 个，负责各个领域的标准化工作，其中负责涂料领域的是 CEN/TC 139 色漆和清漆技术委员会，现有工作组 10 个。该技术委员会现有现行有效标准 286 个，制修订中的标准项目 73 个；其中涉及涂料有害物质含量的安全方法标准 5 个，都是直接采用的国际标准。

3.4 美国标准化机构

3.4.1 美国试验与材料协会（ASTM）

ASTM 为当今世界上最大的非官方标准化组织。它制定了为数众多的标准，其中很多标准直接被采纳为美国国家标准和美国国防部标准。ASTM 总部有 135 个技术委员会。其中，D01 委员会主管油漆和有关涂料及材料，是 ASTM 中活动较为活跃的一个委员会，该委员会管辖的标准数约有 840 多个，占 ASTM 标准总数的 10%。

D01 委员会下属分技术委员会有几十个，这些分技术委员会有明确分工，且涉及范围很广。如第 20 ~ 第 29 各分技术委员会负责研究一般方法，第 20 分技术委员会为取样和统计方法，第 21 分技术委员会为油漆和油漆材料的化学分析，第 22 分技术委员会为卫生和安全，第 23 分技术委员会为涂膜的物理性质，第 24 分技术委员会为液相油漆和油漆材料的物理性质等等。第 30 ~ 第 39 各分技术委员会分别负责颜料、溶剂、树脂、增塑剂等原料。第 40 ~ 第 49 各分技术委员会负责各种场合施工的油漆产品。第 50 ~ 第 59 各分技术委员会负责工厂施工的油漆。各分技术委员会下也设数量不等的工作组，具体从事标准的制定和修订工作。

3.4.2 美国钢结构涂装协会（SSPC）

美国钢结构涂装协会（Steel Structure Paint Council，SSPC）的规范和标准是美国钢结构涂装协会制定的美国国家标准，也是国际上最具权威性和采用最多的钢结构涂装标准。

SSPC 成立于 1950 年，拥有雄厚的务实的研究机构，其建立的宗旨如下：（1）确定和概述已有的涉及清洗和涂装的最佳方法；（2）出版包括钢结构表面处理的实用而经济的资料和技术规范；（3）通过长时间的包括现场实践和实验室的研究、计划、评价、预防和减少钢结构腐蚀需要的各种方法、涂层和成本。

在该宗旨下，该协会召开了很多国际性的会议，出版了很多有关表面处理和涂装的出版物，其中最全面、最先进、最具有实用意义的是《钢结构涂装手册》。该手册被国外涂装界，特别是钢结构涂装界奉为涂装经典，常常是国外有关合同方签订合同的技术依据。

在该手册的第一卷中 5.3 节主要讲了涂料施工安全；在该手册的第二卷第 3 章列举了 34 种全部现有涂料的技术规范，基本没有涉及有害物质限量方面的安全标准。

3.4.3 美国防腐蚀工程师协会（NACE）

美国防腐蚀工程师协会（NACE International）是享有盛誉的腐蚀与防护领域的国际学术团体，在美洲、欧洲以及亚洲等地设有 90 多个分部，是全球腐蚀与防护学科领域最大的组织。NACE 制定的标准和颁发的专业技术资格证书，在国际上被广泛采用和认可。

NACE 技术协调委员会（TCC）是技术委员会的主要管理机构，负责监督、协调技术委员会活动。技术委员会的主要活动有：包括：撰写常规标准（SP）、测试方法（TM）、材料要求（TM）、技术委员会报告或其他形式的出版物等，举办技术信息交流会和研讨会。

NACE 成立于 1943 年，当时的创始人是 11 位管道行业的防腐工程师。现在，NACE 是世界上最大的传播腐蚀知识的组织，其职责是提高公众对腐蚀控制和预防技术的认识，NACE 现有 300 个技术协调委员会，主要工作包括调查、研究和介绍腐蚀技术的发展动态，设置共同的行业标准，为美国、加拿大和其他许多国家的会员和非会员提供各种各样的培训项目等。

NACE 实施会员制，会员可以享受一些培训课程和出版物的费用折扣；NACE 每年召开一次年会，是世界上专业人员了解新产品，获得技术信息，与腐蚀专家建立联系的平台，NACE 标准覆盖了腐蚀防控的各个领域，包括方法、设计和材料选择等研究热点。

NACE 标准是技术委员会为腐蚀预防和控制领域设定的非强制性指南。

NACE 为地下管线提供腐蚀判定，并为相关产品提供材料认证。NACE 还为技术人员提供专业资格认证，如涂料专业服务工程师的认证。NACE 国际颁发的涂装检查员资格证书，分为 NACE CIP-1，2，3 个等级。

NACE 标准分为三类：操作规程（RP）、试验方法（TM）及材料要求（MR）。NACE 标准的字母数字排列顺序为标准的类别、该年这类标准发表的序号和发表年代，短横后的数字表示该标准修改本或修订本发表的年代。基本没有涉及有害物质限量方面的安全标准。

3.4.4 美国消费者产品安全委员会（CPSC）

美国消费品安全委员会（Consumer Product Safety Committee，CPSC）是美国联邦

政府机构，主要职责是对消费产品使用的安全性制定标准和法规并监督执行。CPSC 管理的产品涉及 1500 种以上，主要是家用电器、儿童玩具、烟花爆竹及其他用于家庭、体育、娱乐及学校的消费品。但车辆、轮胎、轮船、武器、酒精、烟草、食品、药品、化妆品、杀虫剂及医疗器械等产品不属于其管辖范围内。

CPSC 管理手段主要是：(1) 罚款；(2) 电视媒体曝光；(3) 必要时，追回其有问题的产品；(4) 通过法律程序。

美国总统布什于 2008 年 8 月 14 日正式签署生效消费品安全改进法案（CPSIA/HR4040），成为法律。

CPSIA 影响着美国所有生产、进口、分销玩具、服装和其他儿童产品及护理品的所有相关行业。所有制造商应该保证其产品符合该法案的所有规定、禁令、标准或者规则，在邻苯二甲酸酯中，除了 DINP、DIDP 及 DNOP 暂时被禁止使用，直到 CHAP 研究报告出台后再决定是否解禁或列为永久禁止使用外，DEHP、DBP 及 BBP 已被永久禁止使用。必须通过美国消费品安全委员会 CPSC 认可检测机构检测，否则将面对巨额罚款并导致出口中断。消费者产品安全改进法案（CPSIA）经美国国会通过，并于 2008 年 8 月 14 日由布什总统签署成为法律。CPSIA 能让美国消费者产品安全委员会（CPSC）更好地规范美国 CPSIA 出售和进口产品的安全，目的是为了让未满 12 岁的儿童更安全，要求制造商和进口商的产品表明，这些产品没有有害的铅和邻苯二甲酸酯。

3.4.5 美国环境保护署（EPA）

美国国家环境保护署（EPA）是美国联邦政府的一个独立行政机构，主要负责维护自然环境和保护人类健康不受环境危害影响。随着涂料工业的发展，涂料、染料等化学品对生态环境和人类健康的负面影响越来越大，人们对涂料、染料等化学品污染问题日益重视。欧美日等发达国家近年来普遍加强了对化学品生产的管理，不但标准趋严，也加强了对产业链的管理和控制。如欧盟颁布了《reach 法规》、美国颁布并不断修订《联邦清洁空气法案》以及以此为依据制定的一系列条例等，都是基于上述背景而制定。

EPA 的具体职责包括，根据国会颁布的环境法律制定和执行环境法规，从事或赞助环境研究及环保项目，加强环境教育以培养公众的环保意识和责任感。

美国国家环境保护局的任务是保护人类健康和环境。自 1970 年以来，环保局一直致力于营造一个更清洁、更健康的环境。

EPA 法规的制定和执行：环保署根据国会颁布的环境法律制定和执行法规。环保署负责研究和制定各类环境计划的国家标准，并且授权给州政府和美国原住民部落负责颁发许可证、监督和执行守法。如果不符合国家标准，环保局可以制裁或采取其他措施协助州政府和美国原住民部落达到环境质量要求的水平。

美国环境保护署（EA）这次通报的关于喷雾涂料挥发性有机化合物排放国家标准和法规提案（g/tbt/n/usa/284），主要是针对喷雾涂料（气雾涂料）类产品制定反应性挥发性有机化合物（VOC）国家排放法规。标准提案执行美国 1990 年修订的空气清洁法（caa）第 183（e）款，要求管理者控制某些类别消费品及工业品的挥发性有机化合物（VOC）排放，目的是促进臭氧生成和导致臭氧不合格的 VOC 排放减到最小。环保署还拟修订环保署的 VOC 免除化合物法律定义，以说明所有促进臭氧生成的喷雾涂料反应性化合物。因此，按照其他适用定义，不是 VOC 的化合物根据本法规提案将计算在产品的反应界限内。这一法规的修订将对我国相关涂料产品出口美国造成严重影响，特别是法规提案 59.511c（5）中规定要求提供涂料生产的每种配方的产品配方数据，这对保护我国生产商知识产权与商业机密极为不利，我们对此应给予足够的重视和关注。

3.4.6 美国食品与药物管理局（FDA）

美国食品和药物管理局（Food and Drug Administration，FDA）是美国政府在健康与人类服务部（DHHS）和公共卫生部（PHS）中设立的执行机构之一。

食品材料 FDA 认证：食品接触类材料指一切用于加工生产包装存储运输食品过程中与食品能够接触到的材料。常见的材料包括各种塑料金属陶瓷玻璃竹木制品等，这些与食品能够接触到的材料的环保安全直接影响使用者的饮食安全和健康，所以对这类产品出口到美国需要按照 FDA 标准进行相关的检测认证。

其中有机涂层、金属和电镀制品要求符合 U.S. FDA CFR 21 175.300。

美国 FDA 及食品接触规格：依据美国联邦法规中的第 21 章（CFR）从第 170 节至 186 节，严格规定了食品的包装。通常与食品接触的材料必须符合美国食品及药品管理局（FDA）的规定，并通过以下两种方法的测试。化学成分组成：包装使用的材料必须在法规中有明确的确认，包装商还必须遵照法规要求的方法条件处理这些材料。这些规定主要是针对材料而言，包装材料需要经过检验，通过复杂的迁移测试并被认定是安全可靠的材料。迁移测试是用于评测从包装材料中流失出来的食品残留物的含量水平。通常，这个方法是新型包装材料的必选测试；美国食品及药品管理局（FDA）还允许公司提交一份"食品接触证明"，凭此判定接触食品的一种材料及其使用方法和相关数据是安全可靠的。美国进口的食品包装或用于食品包装的材料，都必须符合 FDA 的严格测试。而确保该包装材料满足 FDA 的规定则是食品包装商的职责。

3.4.7 美国国防部

美国通过立法有计划、有组织地开展军用标准化工作有半个世纪，伴随美国综合国力的不断壮大，美国军用标准亦发展成为当今世界技术最先进、体系最完备的军用标准。美国国防部标准化文件（简称美军标），共计 12 万余项技术标准。数量庞大、技术内容丰富、专业面宽，不单有军用的，还包括大量民用标准。因此被西方工业发达国家广泛采用，是世界上有权威的技术标准。

其中，涂料领域制定的军标主要是涉及飞机涂层规范。基本没有涉及有害物质限量方面的安全标准。

3.5 日本标准化机构

日本现行的安全标准控制主要为企业自我约束与行业协会宣传为主，政府提出目标要求为辅助手段。

日本通过《化学物質排出把握管理促進法》（PRTR 法）规定，对于第一类特定化学物质（包含铅及其化合物），在含量超过 0.1%的情况下，有义务在 MSDS 中标识，并需要报告其排出量。

3.5.1 日本工业标准调查会标准分会 化学制品技术专门委员会

标准分会由正式委员和临时委员组成，根据公共标准（JIS、国际标准等）和事实上的标准（论坛标准、合作体标准）掌握标准化动向，制定 JIS 等国家标准化及 ISO、IEC 等国际标准化的基本方针和发展计划。标准分会下设 26 个“技术专业委员会”，化学制品技术专门委员会是其中一个分会。在密切关注国内外事实上的标准和公共标准动向的基础上，负责审议 JIS 草案，调查审议负责领域的技术和标准化发展战略。

化学制品技术专门委员会负责日本涂料领域的 JIS 标准制定。化学制品技术专门委员会由政府、大学、研究院、协会、企业、自由人等组成。其制定的 JIS 标准的分类为 K 化学，故标准一般为 JIS K。并由很多分技术委员会组成，各分技术委员会下也设数量不等的工作组，具体从事标准的制定和修订工作。

化学制品技术专门委员会下属有家庭用涂料分会等分会，截至 2012 年 5 月 31 日共发布 1735 个标准。

3.5.2 日本涂料工业会（JPMA）

日本化学工业协会是日本经济产业省下属机构经济团体联合会下的一级组织。在日本化学工业协会之下，有日本涂料工业会（Japan Paint Manufacturers Association），此工业会系国际涂料·油墨印刷协会和亚洲涂料工业协会的会员，在日本国内，此会的会员是日本的涂料供应商。日本涂料工业会目前任亚洲涂料工业协会的理事长单位。

在日本涂料工业会下边原有四个团体：一是日本色材协会（Japan Society of Colour Material），这是一个学术团体；二是日本涂料协会（2006 年已宣布解散）；三是日本涂装工业会（Japan painting Contraction Association），主要从事涂装研发；四是日本涂料检查协会（Japan Paint Inspection and Testing Association），主要从事涂料的各种检测和检查。日本涂料协会解散的主要原因有两个：一是日本涂料协会所做的事情与日本涂料工业会相同；二是日本涂料协会的会员大部分都是日本涂料工业会的会员。

该工业会主要是从事日本涂料工业会的经营、涂料技术、环境安全与涂料需求与调查研究、以及涂料普及等活动。具体的业务为：涂料工业的经营调查研究；涂料技术调查研究；涂料的环境、安全相关的调查和研究；涂料的标准化调查研究；涂料及其原料需求调查研究；涂料及其利用的普及；涂料讲习会、演讲会等国内外的涂料情报收集及提供；涂料会馆的运营及管理；国内外有关机关的联合协调等。

其标准化组织负责制定制定日本涂料行业的行业标准，代码为 JPMS。

其下属的制品安全委员会颁布了一系列环境保护型涂料规范要求（7 种低有害物质型涂料、5 种环境改善型涂料、5 种低 VOC 型涂料），并不定期发布风险警示和制品安全情报。

日本涂料工业会一方面，对“工业涂料”依据日本《改正劳动安全卫生法》的基础上发布“GHS（《全球化学品统一分类和标签制度》对应 MSDS·标签制作指南（涂料用）”，进行 MSDS 验证；另一方面，对普通消费者有关“家装涂料”方面的法律、风险评估等引起的健康管理提供指导。至于“家装涂料 GHS 自主表示要领”于 2009 年 3 月发行，日本消费者可以据此查询家装涂料信息。

3.5.3 日本消费者产品安全委员会

日本社会一直以来都非常关注消费者权益。但近年来，消费者权益受到侵害，甚至人身安全受到威胁的事件呈上升趋势。为此，日本决定成立专门帮助消费者维护权益的调查委员会。

据日本 NHK 电视新闻报道，2012 年 8 月 29 日，日本参议院正式会议通过了修正版《消费者安全法》。在新的《消费者安全法》中明确指出，2012 年 10 月“消费者安全调查委员会”将正式成立，以便于可以尽快查明消费者受到切身伤害事故的原因和防止再次发生的条款即将付诸实施。消费者受到切身伤害指的是，诸如使用魔芋果冻等引发窒息事故、因使用煤气炉烧水而导致一氧化碳中毒等事故。遭遇过此类事故的消费者及家属纷纷提出，对于事故原因的调查不够充分，要求设立专门的调查机关负责此类事件。新法案中规定，由日本消费者厅管理下，设立由具备医学、工学等专业知识的 7 名以内专家组成的“消费者安全调查委员会”。

“消费者安全调查委员会”调查的对象除了家电产品、食品、玩具等常规消费品外，还包含了美容·护理服务等与消费者生活息息相关领域内的各种事故。而委员会具备在事故发生时进行现场调查、对相关人员进行问询的权利，并且可以根据调查结果向总理大臣提交防止再次发生对策，也可以向各省厅提出建议。

据悉，委员会会在 10 月 1 日与修正后的《消费者安全法》一同进入实施阶段。另外，此次法律修正还针对为防止因为不良商家侵犯消费者财产权等情况而导入了“可以指令不良经营业者停业”、“在不遵守行政处罚的情况下处以罚款”等行政措施。按照计划，这些相关条款将于 2013 年 4 月 1 日开始正式实施。

3.5.4 日本环境省

日本环境省（Ministry of the Environment）是日本中央省厅之一，负责地球环境保全、防止公害、废弃物对策、自然环境的保护及整备环境。日本环境省还包括废弃物和再生利用对策部、综合环境政策局、环境保健部、地球环境局、水和大气环境局、自然环境局。其颁布了若干个涉及涂料产品的法规，如下：

日本劳动安全卫生法：日本劳动安全卫生法是日本唯一遵照 GHS 的法规，并于 2010 年上追加了 MSDS 和分类标签有关规定，以规范日本国内 MSDS 编写及内容要求。

化学物质排出把握管理促进法：英文简称 PRTR 法，是日本针对化学品 MSDS 的编写及使用所出台的法律条文。为日本化学品提供了 MSDS 与安全标签要求与依据。

3.5.5 日本建筑学会（JASS）

日本权威性的建筑师组织，创建于 1886 年。最初由 26 位建筑师和建筑工程师组成，是一个非政府、非营利的建筑师组织，简称“AIJ”。设有专门的调研机构和情报采集机构，致力于建筑教育和建筑文化的发展，组织专业交流和表彰活动。

其制定的标准，编号为JASS。

3.5.6 日本环境协会（JEA）

日本环境协会是日本全国性环境保护方面的民间学术团体，是以保护舒适的环境为出发点于1977年3月建立。具有法人地位。该协会与环境厅及其他相关机构一直保持着密切联系，也从事各种业务活动。

其制定的生态标志涉涂料等众多产品的环境认证。

3.6 英国标准学会（BSI）

英国标准学会（British Standards Institution，BSI）是世界上第一个国家标准化机构，是英国政府承认并支持的非营利性民间团体，成立于1901年，总部设在伦敦。目前共有捐款会员20000多个，委员会会员20000多个。在正式的国际标准组织中，BSI代表英国，是国际标准组织（ISO）、国际电工委员会（IEC）、欧洲标准化委员会（CEN）和CLC所有高级管理委员会的常任成员，是国际标准组织秘书处五大所在地之一。

皇家宪章规定：英国标准学会的宗旨是协调生产者与用户之间关系，解决供与求矛盾，改进生产技术和原材料，实现标准化和简化，避免时间和材料的浪费；根据需要和可能，制定和修订英国标准，并促进其贯彻执行；以学会名义，对各种标志进行登记，并颁发许可证；必要时采取各种措施，保护学会的宗旨和利益。

BSI组织机构包括全体会员大会、执行委员会、理事会、标准委员会和技术委员会。执行委员会是BSI的最高权力机构，负责制定BSI的政策，但需要取得捐款会员的最后认可。执委会由政府部门、私营企业、国有企业、专业学会和劳工组织的代表组成，设主席1人，副主席5人。下设电工技术、自动化与信息技术、建筑与土木工程、化学与卫生、技术装备、综合技术等6个理事会，以及若干个委员会。BSI有工作人员1200余人，设标准部、测试部、质量保证部、市场部、公共事务部等业务部门。标准部是标准化工作的管理和协调机构。BSI每三年制定一次标准化工作计划，每年进行一次调整，并制定出年度实施计划。与6个理事会相对应，标准部下设6个标准处，分别承担6个理事会的秘书处工作。理事会下设标准委员会，标准委员会下设技术委员会（TC），技术委员会可设立分委员会（SC）和工作组（WG）。1998年共有3000多个TC和SC。涉及涂料标准制定的有建设（Construction）、健康和安全（Health and Safety）、材料（Materials）等委员会。H.亨普斯特德检验所是隶属于测试部的检验测试中心，成立于1959年。下设化学、物理、电工、机械、光学等10多个实验室。最初只承担摩托车安全头盔的检验工作，随着服务范围的逐年扩大，目前已成为英国规模最大、经营范围最广的独立检验机构。该中心所承担的检测任务，30%来自BSI质量保证部，其余来自外单位和国外的委托。质量保证部负责合格评定、认证审核以及BSI风筝标志、安全标志和企业注册标志签发工作。市场部的主要任务是协助政府为英国出口商调研欧洲和世界市场情况，向出口商提供国外标准、技术法规和认证制度等方面的技术咨询服务，承担 BS 标准的出版发行工作。BSI 于 1966 年成立了世界上第一个出口商技术服务部（THE）。

3.7 法国标准化协会（AFNOR）

法国标准化协会（Association Francaise de Normalisation，AFNOR）根据法国民法成立，并由政府承认和资助的全国性标准化机构，成立于 1926 年。法国政府确认其为全国标准化主管机构，并在政府标准化管理机构——标准化专署领导下，按政府指示组织和协调全国标准化工作，代表法国参加国际和区域性标准化机构的活动。总部设在首都巴黎。现有 6000 多会员，主要是团体会员，有少量个人会员。

AFNOR 的最高权力机构是理事会，由来自非营利性团体的 34 名成员组成。理事会主席由 AFNOR 总会长担任。协会的日常工作由总会长及其代表负责处理。理事会下设国际合作、财政、人事等职能部门，以及发展部和技术事务部两大业务部门。发展部负责国际关系、情报、咨询、培训、出版销售，以及对企业提供服务等项工作。技术事务部负责标准的制修订工作和质量认证及法国国家标准（NF）标志工作。下设冶金、工业工程、运输、环境保护、信息技术的 10 多个业务处。

AFNOR 总会长同时是法国标准化高级委员会（CSN）的主席。该委员会成立于 1984 年 1 月 26 日，是法国标准化的最高咨询机构和指导机构，设在政府贸易与工业部下面。委员会由政府机关、地方自治团体、工农商服务业、工会、消费者组织、标准化局、检验机构、学术界等各方面的 51 名代表组成。秘书处工作由 AFNOR 负责。委员会的职责是根据国家社会经济和国际形势发展的需要，向工业部长提出有关标准化方针政策的建议，并就标准化工作年度计划接受咨询，进行审议。

标准化专署由一名专员和若干名工作人员组成，设在贸易与工业部内。标准化专员是一个具有跨部职能的高级官员，由贸易与工业部长任命。其主要职责是指导标准化工作，批准 AFNOR 组织章程和办事规则，任命总会长；审批法国注册标准（ENR）；对标准化机构的业务活动特别是国际活动进行监督。标准化专员同时又是政府派驻 AFNOR 的全权代表。

NF 是由行业标准化局或 AFNOR 设立的技术委员会制定的。各行业的标准化局是由标准化专员在征求各方面意见后，经政府有关部门批准而设立的。标准化局一般均设在本行业联合会的试验中心，为试验中心的一部分。标准化局是独立的专业性标准化机构，但与 AFNOR 关系密切。一般都不制定自己的专业标准，而是为 AFNOR 起草 NF 草案，然后交由 AFNOR 按照规定程序批准后，作为法国标准发布实施。目前，法国共有 31 个标准化局（最多时达 39 个），承担了 AFNOR 50%的标准制修订工作，其余 50%则由 AFNOR 直接管理的技术委员会来完成。AFNOR 现有 1300 多个技术委员会，近 35000 名专家参与工作。法国每 3 年编制一次标准制修订计划，每年进行一次调整。

3.8 德国标准化协会（DIN）

德国标准化体系的核心是德国标准化协会（Deutsches Institut für Normung e.V.,

DIN)，该协会位于德国首都柏林，成立于 1917 年，其前身是德国工程师协会（VDI），是一个具有“德国特色”的“准政府机构”，下辖 70 多个标准化委员会，管理着 28000 多项产品标准，负责德国与地区及国际标准化组织间的协调事务，作为德国的“准政府机构”形成了政府与民间的联系桥梁，缓冲了民意与“政府意志”间的冲突，使得政府行政措施及政策落实更能被公众接受，操作起来也更有效率。

DIN 是私有化的非营利协会。作为非政府组织，DIN 有 1800 名会员，分别来自工业界、各州、各工会组织、学术机构、消费者协会、环保组织、专业协会及银行和保险业。DIN 有 70 多个标准委员会，下面还细分为 3000 多个工作委员会，分别为各行各业制定标准。DIN 的组织机构为：（1）全体大会：DIN 的最高权力机构，每年至少召开一次会议。（2）主席团及其委员会：主席团是全体大会的常设机构，由至少 30 名最多 50 名委员组成。主席团设主席 1 名，副主席 2 名，常务会长 1 名。主席团下设 5 个委员会：标准审查委员会、消费者委员会、德国合格评定委员会、财务委员会和选举委员会。（3）总办事处：DIN 的实际工作机构，总部设在柏林，并在科隆设有分部。总办事处由 DIN 会长主持全面工作，下设会长办公室、标准化部、合格评定部、国际关系部、行政管理与出版部。标准化部主管国内标准化工作。（4）标准委员会：DIN 的技术工作机构，下设工作委员会，工作组以及分委员会。1998 年，共设有标准委员会 88 个，工作委员会 4600 个。全国约有 30000 人参加各级技术机构的活动。（5）德国技术规则信息中心（DITR）：对国内外标准文献进行收集、加工、存储、咨询、服务的机构，由行政管理与出版部管辖。DITR 是德国的 WTO 咨询点。1998 年 DIN 有团体会员 5700 个，没有个人会员。

3.9 加拿大标准化机构

3.9.1 加拿大标准委员会（SCC）

加拿大标准委员会（Standards Council of Canada，SCC）成立于 1970 年，是一家以在加拿大高效推广标准化工作为目标的联邦国家法人社团组织，承担着监督国家标准体系的责任，是加拿大唯一的标准批准发布机构。目前拥有约 80 名员工。SCC 理事会由 15 名成员组成，历届理事会成员均由政府批准任命，任期一般是 4 年。理事会下设标准部、合格评定部、国际事务部以及管理部等 5 个部门。

加拿大标准协会（SCC）是国家标准体系的管理者，其主要职能是：保证国家标准体系一体化及提高其国际声誉；与联邦政府及其委托管辖州合作，以促进经济的、有效的自愿性标准的制定。此外 SCC 还具有认可职能，即对标准制定组织、产品认证和测试组织、质量和环境管理体系注册组织及审核员注册和培训组织进行认可。目前，SCC 利用其认可程序已经认可了大约 275 个机构，而这些机构又为法规部门、非政府组织及商业部门提供了真实有效的标准化服务。SCC 签署了许多双边和多边协定，实现了加拿大认可程序与其他组织的认可程序的互认，从而减少了加拿大产品出口时重复的测试需求。SCC 是加拿大的 ISO 和 IEC 代言人，在许多 ISO 和 IEC 的活动中起着先导作用，如质量管理和环境管理体系、氢能源技术、软件工程等方面。

3.9.2 加拿大标准协会（CSA）

加拿大标准协会（Canada Standards Association，CSA）成立于 1919 年，是一个独立的私营机构，是加拿大主要的标准制定和产品认证机构，拥有 8000 多成员，其职能是通过产品鉴别、管理系统登记和信息产品化来发展和实施标准化。CSA 负责制定标准，为产品和服务提供检验和认证。CSA 的最高权力机构是董事会，董事会成员都是自愿参加工作。标准协会的日常工作由执行总裁主持，主管标准制修订、产品认证，企业注册、行政事务和外事及财政工作。总裁领导下设立标准部、认证测试部、焊接事业局、质量管理研究所及测试试验室等机构。其中：标准部主管制定修订 CSA 标准，标准部设立标准政策委员会、标准指导委员会和标准技术委员会；标准政策委员会，研究标准化工作的方针政策，确定制定标准的范围；标准指导委员会，负责讨论审定各类标准。标准指导委员会批准的批准，就可以出版发行。标准指导委员会的成员，由立法机构、工业部门、消费者、制造商和有关的社团研究测试机构的代表参加。

加拿大的标准是由自愿参加 CSA 组织的人员参与制定的，所涉及的面很广，如：消费者、制造者、立法机构、技术研究部门等都参加标准制定工作。在加拿大参与标准制定工作的约有 6000 余人。

CSA 负责制修订建筑物、电子/电气、能源、环境、燃气设备、公众安全和福利、品质/商业管理、健康护理技术、通信、机械工业设备、职业健康和安全 11 个方面的标准。

3.9.3 其他标准制定机构

加拿大负责制定标准的机构还包括：加拿大通用标准局（CGSB）、加拿大气体协会（CGA）、加拿大保险商实验室（ULC）、魁北克省标准局（BNQ）。其中，CGSB 负责制修订的标准包括建筑及建筑物、商业（办公）设备、通讯和信息技术、食品、加拿大政府、健康护理技术、涂料、纸和纸产品、人员资格及能力、防护服、纺织品、运输燃料、危险货物运输 13 个方面。

3.10 澳大利亚标准化机构

澳大利亚建立了 4 个制定标准的机构，即：澳大利亚新西兰食品局（ANZFA）、国家测试机构协会（NATA）、联邦道路安全办公室（FORS）和澳大利亚标准协会（AS），与涂料产品相关的标准机构有澳大利亚标准协会（AS）和国家测试机构协会（NATA）。

3.10.1 澳大利亚标准协会（AS）

澳大利亚标准协会（AS）是由澳大利亚政府认可的澳大利亚最高非政府性独立的非盈利性的标准团体，主要从事制定和颁布澳大利亚标准并依据这些标准向工业界和消费者提供服务的组织，代表澳大利亚 ISO 和 IEC 工作的国家团体。澳大利亚标准协会（AS）负责 12 个工业领域标准的制定，每个领域又分若干个技术委员会，目前各类工业技术委员会 750 多个，标准 6873 个。其中涂料和相关材料属于生产和加工领域的CH-003 涂料和相关材料技术委员会负责，该委员会由来自澳大利亚和新西兰的 13 个机构构成，现有分技术委员会 8 个，分别是 CH-003-02 建筑涂料、CH-003-03 试验方法、CH-003-04 工业涂料、CH-003-05 道路标线涂料、CH-003-08 建筑物的涂装、CH-003-09 颜色测量方法、CH-003-10 防护涂料的现场测试、CH-003-11 含铅涂料的管理。已出版的标准 183 个，既包括产品标准，也包括方法标准，但不涉及涂料安全方面的标准。目前正在制修订中的标准项目 120 个，也未涉及涂料安全标准。

3.10.2 国家测试机构协会（NATA）

国家测试机构协会（National Association of Testing Authorities，NATA）成立于 1946 年，其宗旨是促进政府、行业、贸易和学术间的合作，建立一个可满足社会在测试测量方面所有要求的实验室网络。它是一个非营利公司，设有广泛代表各实验室及其客户利益的理事会和董事会。NATA 所开展的活动以及它在广泛的技术领域与多个级别的政府及立法机构之间的合作关系，是澳大利亚在由立法机构利用非官方部门组织制定标准和开展大量符合性工作方面具有丰富经验的一个充分例证。

日前，澳大利亚标准机构颁布了新的玩具安全标准。澳大利亚的玩具标准 AS/NZA ISO 8124 是基于国际标准 ISO 8124 修订的，而 ISO 8124 的要求和欧盟 EN71 的要求基本一致，因此可以参照 EN71 标准的要求。

3.11 中国台湾经济部标准检验局（BSMI）

中国台湾经济部标准检验局（Bureau of Standards，Metrology and Inspection ，BSMI）是依据中国台湾经济部组织法成立的中国台湾最高商品检验机关，行政上隶属经济部，主要任务为中国台湾标准制修订及推行国际标准质量保证制度和环境管理系统；办理中国台湾度量衡标准的统一及实施等其他检（试）验服务。

BSMI 从组织架构上，可以认为由业务单位、事务单位和地方分支机构三大模块组成。下设七个业务部门、六个综合（幕僚）科室以及资料中心，并设立六个地方分局。七个业务部门分别是：标准，农业与化工产品检验行政，机电产品检验行政，度量衡，企划、检验行政管理、验证与国际合作，检验技术和度量衡检定检查，涵盖了总局所有管理的业务事项。六个地方分局是：基隆分局，新竹分局，台中分局，台南分局，高雄分局和花莲分局，分局下设办事处，包括总局在内管理着中国台湾七个不同的区域。

高雄分局除综合科室外下设二港口办事处、金门办事处、澎湖办事处以及六个业务科室。电资产品科：负责电机、电子产品管理；机电产品科：负责机械产品管理；化工产品科：负责化工产品管理；计量科：负责度量衡器检定、检查及纠纷处置；报检发证科：负者报验发证、资讯业务；市场监督科：负责商品市场监督业务、ISO 业务。

BSMI 第一组负责标准政策及法规的起草，以及对“中国台湾标准”（CNS）的研究、制定、修订、转订、确认、废止、实施及推行事项，并下设四科具体处理相关事务：

第一科：负责“中国台湾标准法规”的起草、“中国台湾标准”的公布、标准化实施指导、“中国台湾标准”的调和规划、“正字标记”的审核与管理、“中国台湾标准”

及标准公报的编校与其他有关“中国台湾标准”的推行事项。

第二科：负责机械工程、电机工程、电子工程、信息及通信、机动车及航天工程、轨道工程、造船工程、工业安全等类别“中国台湾标准”的研究、起草、制定、修订、转订、废止、确认、协调、解释及有关事项。

第三科：负责土木工程、建筑、铁金属冶炼、非铁金属冶炼、核工程、化学工程、纺织工程、矿业、陶业、环境保护等类别“中国台湾标准”的研究、起草、制定、修订、转订、废止、确认、协调、解释及有关事项。

第四科：负责农业、食品、林业、造纸业、日常用品、卫生及医疗器材、质量管理、物流及包装、一般及其他等类别“中国台湾标准”的研究、起草、制定、修订、转订、废止、确认、协调、解释及有关事项与国际合作事项。

3.12 标准技术机构之间的差异

3.12.1 标准化机构的性质

国外标准化机构大部分属于民间的非赢利组织，但一些重要机构制定的标准能得到国家承认，能起到国家标准的作用，这些组织成本之外的盈余必须投资于业务的发展，不得用于分红。机构还开展测试、认证等业务，通过测试、认证、标准技术信息服务等具有商业性质的活动收入，再投资于标准研发，实现了公共事业和商务活动相互促进，以标准和与标准相关的业务养标准的自我循环、几乎不需政府投资的良性发展模式。中国的标准化机构实行自上而下的垂直管理，国家标准化管理委员会受国家质检总局管理，是统一管理全国标准化工作的主管机构。国务院有关行政主管部门和有关行业协会也设有标准化管理机构，分工管理本部门本行业的标准化工作。各省、自治区、直辖市及市、县质量技术监督局统一管理本行政区域的标准化工作。各省、自治区、直辖市和市、县政府部门也设有标准化管理机构。国家标准化管理委员会对省、自治区、直辖市质量技术监督局的标准化工作实行业务领导。

3.12.2 标准化机构的经费来源

国外标准化机构的经费来源有政府资助、会员会费、标准销售和产品达标认证。BSI、DIN 等自身通过标准和与标准相关的业务养标准的自我循环、几乎不需政府投资。我国标准化机构的经费来源主要是政府拨款。

3.12.3 成员组成

在市场经济体制下，发达国家的国家标准化管理或协调机构一般是协会或学会，标准化最高管理决策机构是由各方利益代表组成的委员会或理事会，包括立法机构、工业部门、消费者、制造商和有关的社团研究测试机构等各方面利益代表。标准是各方利益协商一致的产物，标准化管理机构为集体权利的代表，标准的利益各方代表均衡、平等地参与国家标准化管理决策，保证标准制定过程的公正性，从而促进所制定的标准被广泛接受和采用。我国标准化机构相对涵盖面较窄，主要包括国家政府部门、技术部门和企业，消费者等的参与度不高。

4 涂料安全标准体系建设的比较

4.1 中国安全标准体系建设情况

全国涂料和颜料标准化技术委员会（SAC/TC5）是经国家标准化管理委员会批准成立的，负责我国涂料和颜料专业领域内全国性标准化工作和标准化技术归口工作。标委会受国家标准化管理委员会领导，中国石油和化学工业联合会负责对其进行业务指导和日常管理。国家标准化管理委员会和中华人民共和国工业和信息化部分别对其负责的国家标准和化工行业标准的制修订计划及标准文本进行审批。

全国涂料和颜料标准化技术委员会负责涂料和颜料领域大多数国家标准和行业标准的制修订工作，其他的一些行业组织、企业等也承担了一部分这类标准的制定工作，特别是涂料与其他交叉领域标准的制定。对于地方标准和企业标准分别由地方相关标准化机构和企业自行完成，但企业产品标准需要到相关行政主管部门备案，标委会只承担了很少一部分的这类工作。

目前涂料和颜料标准化技术委员会（SAC/TC5）归口的涂料方面的标准（包括国家标准和行业标准）有 340 项，颜料方面的标准（包括国家标准和行业标准）有 82 项，既包括系列方法标准，也包括系列产品标准；既包括常规性能标准，也包括涉及有害物质的安全方法标准和产品标准，其中我国已经制定或即将制定的强制性涂料产品安全标准 12 个、已经制定的推荐性涂料产品标准 10 个、已经制定的环境标志涂料产品安全标准 2 个、已经制定或即将制定的测试涂料中有害物质含量的方法安全标准 29 个，应该来说涵盖的面比较全，产品安全标准和方法安全标准互相配套，企业和检测机构等执行起来比较方便，更利于标准的贯彻和实施。而强制性涂料产品安全标准相当于法规的作用，国内生产和销售企业必须强制执行。

4.2 国外安全标准体系建设情况

4.2.1 美国安全标准体系建设情况

美国制定涂料方面标准的机构很多，但大多数机构不制定涂料有害物质限量的安全标准，主要是涉及涂料产品的特定性能标准，如美国钢结构涂装协会（SSPC）、美国防腐蚀工程师协会（NACE）、美国食品与药物管理局（FDA）、美国国防部等基本没有涉及有害物质限量方面的安全标准；美国试验与材料协会（ASTM）涉及的标准很多，但除了个别涉及玩具的产品安全标准外，基本没有其他涂料产品的安全标准，方法标准中有一些涉及 VOC、重金属等测定的安全方法标准。在美国，制定涂料产品安全标准和法规的机构主要是美国消费者产品安全委员会（CPSC）和美国环境保护署（EPA），他们通过制定这些安全标准和法规来让国内企业或进口企业强制执行，在制定法规的同时有一些配套的方法标准，但不是非常全面和呈完全对应关系。

4.2.2　日本安全标准体系建设情况

日本制定涂料标准的协会和机构也很多，但主要是常规性能和方法标准。制定涂料安全标准的机构主要有日本涂料工业会（JPMA）下的制品安全委员会和日本环境省，前者颁布了一系列环境保护型涂料规范要求（7 种低有害物质型涂料、5 种环境改善型涂料、5 种低 VOC 型涂料），并不定期发布风险警示和制品安全情报，后者颁布了若干个涉及涂料产品的法规，日本劳动安全卫生法和化学物质排出把握管理促进法等。

4.2.3　欧盟国家安全标准体系建设情况

欧盟制定了涉及涂料的一系列安全法规，如 REACH 指令、RoHS 指令、空气污染控制指令等，在全世界范围内影响深远、最为严格，欧盟范围内各成员国必须严格执行。因此各成员国不再重复制定这些安全法规，其国内标准化机构主要制定的是涂料常规性能测试标准，以方法标准为多。这些方法标准中也有一些是涉及有害物质含量测试的，而这些标准主要是等同采用 ISO 标准的方法标准。

4.3　我国与国外安全标准体系的差异

4.3.1　制定机构不同：我国的涂料安全标准主要由涂料标准化技术委员会及其他个别标准制定机构制定，政府部门制定的法规很少；国外主要由相关政府机构制定。

4.3.2　安全标准体现的形式不同：我国主要以强制性产品安全标准的形式体现；国外主要以政府法规或指令形式体现。

4.3.3　标准配套情况和可执行情况不同：我国涂料产品安全标准每一项指标的提出都有对应的测试方法，或者写在同一标准中，或者有另外专门的测试方法标准，企业和检测机构等执行起来较为方便；而国外是先提出指标要求，有的有对应的测试方法，有的需要执行机构自己去寻找或选择合适的测试方法，执行起来有一定难度，方法不同，可能会导致测试结果也有差异。

第 2 章　国内外标准对比分析

1　查取的国内涂料安全标准清单

本次涂料安全标准对比研究，检索的国内安全标准主要包括：（1）已经制定或即将制定的强制性涂料产品标准；（2）已经制定的环境标志标准；（3）已经制定或即将制定的涂料中有害物质含量的测试方法标准，下面分别详细列出。12 个强制性产品标准、10 个推荐性产品标准和 2 个环境标志标准中除个别标准（如 GB 24613—2009《玩具用涂料中有害物质限量》和《儿童房装饰用水性木器涂料》）的邻苯二甲酸酯项目和重金属项目参照国外的项目和指标外，其余都是我们国内自行确定的项目和指标，但部分测试方法采用国际通行的测试方法，如 VOC、游离二异氰酸酯等。对于 29 个测试方法标准，有 11 个等同采用国际标准，有 2 个在制定过程中修改采用或参照国际标准，其余都是我国根据实际测试经验自行制定的标准。这些标准信息分别见附表 1 国家标准信息采集表（产品标准）和附表 2 国家标准信息采集表（方法标准）。

1.1　我国已经制定或即将制定的强制性涂料产品标准（12 个）

1）GB 8771—2007《铅笔涂层中可溶性元素最大限量》

2）GB 18581—2009《室内装饰装修材料　溶剂型木器涂料中有害物质限量》

3）GB 18582—2008《室内装饰装修材料　内墙涂料中有害物质限量》

4）GB 24408—2009《建筑用外墙涂料中有害物质限量》

5）GB 24409—2009《汽车涂料中有害物质限量》

6）GB 24410—2009《室内装饰装修材料　水性木器涂料中有害物质限量》

7）GB 24613—2009《玩具用涂料中有害物质限量》

8）GB 30981—2014《建筑钢结构防腐涂料中有害物质限量》

9）JC 1066-2008《建筑防水涂料中有害物质限量》

10）GB ××××—××××《室内地坪涂料中有害物质限量》

11）GB ××××—××××《船舶涂料中有害物质限量》

12）2015 年 1 月 26 日国家财政部、国家税务总局联合发文：《关于对电池、涂料征收消费税的通知》，文号“财税〔2015〕16 号”。

1.2　我国已经制定的推荐性涂料产品标准（10 个）

1）GB/T 19250—2013《聚氨酯防水涂料》

2）GB/T 20623—2006《建筑涂料用乳液》

3）GB/T 22374—2008《地坪涂装材料》

4）GB/T 23994—2009《与人体接触的消费产品用涂料中特定有害元素限量》

5）GB/T 27811—2011《室内装饰装修用天然树脂木器涂料》

6）GB/T ××××—××××《儿童房装饰用水性木器涂料》

7）HG/T 2006-2006《热固性粉末涂料》

8）HG/T 2246-91《各色硝基铅笔底漆》

9）HG/T 4755-2014《聚硅氧烷涂料》

10）HG/T 4757-2014《农用机械涂料》

1.3　我国已经制定的环境标志标准来限制涂料产品中的有害物质含量（2 个）

1）HJ/T 414-2007《环境标志产品认证技术要求 室内装饰装修用溶剂型木器涂料》

2）HJ 2537-2014《环境标志产品认证技术要求 水性涂料》

1.4　我国已经制定或即将制定的测试涂料中有害物质含量的方法标准（29 个）

1）GB/T 6824—2008《船底防污漆铜离子渗出率测定法》

2）GB/T 6825—2008《船底防污漆有机锡单体渗出率测定法》

3）GB/T 9758.1—1988《色漆和清漆　"可溶性"金属含量的测定　第 1 部分：铅含量的测定　火焰原子吸收光谱法和双硫腙分光光度法》

4）GB/T 9758.2—1988《色漆和清漆　"可溶性"金属含量的测定　第 2 部分：锑含量的测定　火焰原子吸收光谱法和若丹明 B 分光光度法》

5）GB/T 9758.3—1988《色漆和清漆　"可溶性"金属含量的测定　第 3 部分：钡含量的测定　火焰原子发射光谱法》

6）GB/T 9758.4—1988《色漆和清漆　"可溶性"金属含量的测定　第 4 部分：镉含量的测定　火焰原子吸收光谱法和极谱法》

7）GB/T 9758.5—1988《色漆和清漆　"可溶性"金属含量的测定　第 5 部分：液态色漆的颜料部分或粉末状色漆中六价铬含量的测定　二苯卡巴肼分光光度法》

8）GB/T 9758.6—1988《色漆和清漆　"可溶性"金属含量的测定　第 6 部分：色漆的液体部分中铬总含量的测定　火焰原子吸收光谱法》

9）GB/T 9758.7—1988《色漆和清漆　"可溶性"金属含量的测定　第 7 部分：色漆的颜料部分和水可稀释性漆的液体部分中汞含量的测定　无焰原子吸收光谱法》

10）GB/T 13452.1—1992《色漆和清漆　总铅含量的测定　火焰原子吸收光谱法》

11）GB/T 18446—2009《色漆和清漆用漆基 异氰酸酯树脂中二异氰酸酯单体的测定》

12）GB/T 22788—2008《玩具表面涂层中总铅含量的测定》

13）GB/T 23984—2009《色漆和清漆 低 VOC 乳胶漆中挥发性有机化合物（罐内 VOC）含量的测定》

14）GB/T 23985—2009《色漆和清漆 挥发性有机化合物（VOC）含量的测定 差

值法》

15）GB/T 23986—2009《色漆和清漆 挥发性有机化合物 （VOC）含量的测定 气相色谱法》

16）GB/T 23990—2009《涂料中苯、甲苯、乙苯和二甲苯含量的测定 气相色谱法》

17）GB/T 23991—2009《涂料中可溶性有害元素含量的测定》

18）GB/T 23992—2009《涂料中氯代烃含量的测定 气相色谱法》

19）GB/T 23993—2009《水性涂料中甲醛含量的测定 乙酰丙酮分光光度法》

20）GB/T 25267—2010《涂料中滴滴涕（DDT）含量的测定 气相色谱法》

21）GB/T 30646—2014《涂料中邻苯二甲酸酯含量的测定 气相色谱/质谱联用法》

22）GB/T 30647—2014《涂料中的有害元素总含量的测定》

23）GB/T 31409—2015《船舶防污漆总铜含量测定法》

24）GB/T 31414—2015《水性涂料 表面活性剂的测定 烷基酚聚氧乙烯醚》

25）GB/T ××××—××××《涂料中石棉的测定》

26）GB/T ××××—××××《涂料中多氯联苯的测定》

27）GB/T ××××—××××《涂料中多环芳烃的测定》

28）GB/T ××××—××××《涂料中有机锡的测定》

29）GB/T ××××—××××《水性涂料中甲醛含量的测定 高效液相色谱法》

2 查取的国外涂料安全标准和法规清单

2.1 国外已经制定的测试涂料中有害物质含量的方法标准（56 个）

已收集国外测试方法安全类标准 56 项；按国家或地区来分，分别是：ISO 18 项、欧洲 10 项、德国 9 项、英国 10 项、法国 9 项。这些标准中有 38 项涉及防污漆中生物毒料释放速率的测定的标准没有对应国标外，剩余标准都有对应国标。具体见附表 4 国际标准或国外先进标准信息采集表（方法标准）。

1）ISO 3856.1—1984 色漆和清漆 “可溶性”金属含量的测定 第 1 部分：铅含量的测定 火焰原子吸收光谱法和双硫腙分光光度法

2）ISO 3856.2—1984 色漆和清漆 “可溶性”金属含量的测定 第 2 部分：锑含量的测定 火焰原子吸收光谱法和若丹明 B 分光光度法

3）ISO 3856.3—1984 色漆和清漆 “可溶性”金属含量的测定 第 3 部分：钡含量的测定 火焰原子发射光谱法

4）ISO 3856.4—1984 色漆和清漆 “可溶性”金属含量的测定 第 4 部分：镉含量的测定 火焰原子吸收光谱法和极谱法

5）ISO 3856.5—1984 色漆和清漆 “可溶性”金属含量的测定 第 5 部分：液态色漆的颜料部分或粉末状色漆中六价铬含量的测定 二苯卡巴肼分光光度法

6）ISO 3856.6—1984 色漆和清漆 “可溶性”金属含量的测定 第 6 部分：色漆的液体部分中铬总含量的测定 火焰原子吸收光谱法

7）ISO 3856.7—1984 色漆和清漆 “可溶性”金属含量的测定 第 7 部分：色漆的颜料部分和水可稀释性漆的液体部分中汞含量的测定 无焰原子吸收光谱法

8）ISO 6503—1984 色漆和清漆 总铅含量的测定 火焰原子吸收光谱法

9）ISO 10283:2007 色漆和清漆用漆基 异氰酸酯树脂中二异氰酸酯单体的测定

10）EN ISO 10283:2007 色漆和清漆用漆基 异氰酸酯树脂中二异氰酸酯单体的测定

11）BS EN ISO 10283:2007 色漆和清漆用漆基 异氰酸酯树脂中二异氰酸酯单体的测定

12）DIN EN ISO 10283:2007 色漆和清漆用漆基 异氰酸酯树脂中二异氰酸酯单体的测定

13）NF EN ISO 10283:2007 色漆和清漆用漆基 异氰酸酯树脂中二异氰酸酯单体的测定

14）ISO 15181-1:2007 色漆和清漆——防污漆中生物毒料释放速率的测定——第 1 部分：生物毒料萃取的通用方法

15）EN ISO 15181-1:2007 色漆和清漆——防污漆中生物毒料释放速率的测定——第 1 部分：生物毒料萃取的通用方法

16）BS EN ISO 15181-1:2007 色漆和清漆——防污漆中生物毒料释放速率的测定——第 1 部分：生物毒料萃取的通用方法

17）DIN EN ISO 15181-1:2007 色漆和清漆——防污漆中生物毒料释放速率的测定——第 1 部分：生物毒料萃取的通用方法

18）NF EN ISO 15181-1:2007 色漆和清漆——防污漆中生物毒料释放速率的测定——第 1 部分：生物毒料萃取的通用方法

19）ISO 15181-3:2007 色漆和清漆—防污漆中生物毒料释放速率的测定——第 3 部分：通过测定萃取液中乙撑硫脲的浓度来计算乙撑双氨荒酸锌（代森锌）的释放速率

20）EN ISO 15181-3：2007 色漆和清漆—防污漆中生物毒料释放速率的测定——第 3 部分：通过测定萃取液中乙撑硫脲的浓度来计算乙撑双氨荒酸锌（代森锌）的释放速率

21）BS EN ISO 15181-3:2007 色漆和清漆—防污漆中生物毒料释放速率的测定——第 3 部分：通过测定萃取液中乙撑硫脲的浓度来计算乙撑双氨荒酸锌（代森锌）的释放速率

22）DIN EN ISO 15181-3:2007 色漆和清漆—防污漆中生物毒料释放速率的测定——第 3 部分：通过测定萃取液中乙撑硫脲的浓度来计算乙撑双氨荒酸锌（代森锌）的释放速率

23）NF EN ISO 15181-3:2007 色漆和清漆—防污漆中生物毒料释放速率的测定——第 3 部分：通过测定萃取液中乙撑硫脲的浓度来计算乙撑双氨荒酸锌（代森锌）的释放速率

24）ISO 15181-4:2008 色漆和清漆—防污漆中生物毒料释放速率的测定——第 4 部分：萃取液中吡啶三苯基硼（PTPB）浓度的测定和释放速率的计算

25）EN ISO15181-4:2008 色漆和清漆—防污漆中生物毒料释放速率的测定——第 4

部分：萃取液中吡啶三苯基硼（PTPB）浓度的测定和释放速率的计算

26）BS EN ISO 15181-4:2008 色漆和清漆—防污漆中生物毒料释放速率的测定——第 4 部分：萃取液中吡啶三苯基硼（PTPB）浓度的测定和释放速率的计算

27）DIN EN ISO 15181-4:2008 色漆和清漆—防污漆中生物毒料释放速率的测定——第 4 部分：萃取液中吡啶三苯基硼（PTPB）浓度的测定和释放速率的计算

28）NF EN ISO 15181-4:2008 色漆和清漆—防污漆中生物毒料释放速率的测定——第 4 部分：萃取液中吡啶三苯基硼（PTPB）浓度的测定和释放速率的计算

29）ISO 15181-5:2008 色漆和清漆—防污漆中生物毒料释放速率的测定——第 5 部分：通过测定萃取液中 DMST 和 DMSA 的浓度来计算甲苯氟磺胺和苯氟磺胺的释放速率

30）EN ISO15181-5:2008 色漆和清漆—防污漆中生物毒料释放速率的测定——第 5 部分：通过测定萃取液中 DMST 和 DMSA 的浓度来计算甲苯氟磺胺和苯氟磺胺的释放速率

31）BS EN ISO 15181-5:2008 色漆和清漆—防污漆中生物毒料释放速率的测定——第 5 部分：通过测定萃取液中 DMST 和 DMSA 的浓度来计算甲苯氟磺胺和苯氟磺胺的释放速率

32）DIN EN ISO 15181-5:2008 色漆和清漆—防污漆中生物毒料释放速率的测定——第 5 部分：通过测定萃取液中 DMST 和 DMSA 的浓度来计算甲苯氟磺胺和苯氟磺胺的释放速率

33）NF EN ISO 15181-5:2008 色漆和清漆—防污漆中生物毒料释放速率的测定——第 5 部分：通过测定萃取液中 DMST 和 DMSA 的浓度来计算甲苯氟磺胺和苯氟磺胺的释放速率

34）ISO 15181-6:2014 色漆和清漆—防污漆中生物毒料释放速率的测定——第 6 部分：通过测定萃取液中降解物的浓度来计算溴代吡咯腈的释放速率

35）EN ISO 15181-6:2014 色漆和清漆—防污漆中生物毒料释放速率的测定——第 6 部分：通过测定萃取液中降解物的浓度来计算溴代吡咯腈的释放速率

36）BS EN ISO 15181-6:2014 色漆和清漆—防污漆中生物毒料释放速率的测定——第 6 部分：通过测定萃取液中降解物的浓度来计算溴代吡咯腈的释放速率

37）ISO 17895-2005 色漆和清漆 低 VOC 乳胶漆中挥发性有机化合物（罐内 VOC）含量的测定

38）EN ISO17895-2005 色漆和清漆 低 VOC 乳胶漆中挥发性有机化合物（罐内 VOC）含量的测定

39）BS EN ISO 17895-2005 色漆和清漆 低 VOC 乳胶漆中挥发性有机化合物（罐内 VOC）含量的测定

40）DIN EN ISO 17895-2005 色漆和清漆 低 VOC 乳胶漆中挥发性有机化合物（罐内 VOC）含量的测定

41）NF EN ISO 17895-2006 色漆和清漆 低 VOC 乳胶漆中挥发性有机化合物（罐内 VOC）含量的测定

42）ISO 11890-1:2007 色漆和清漆 挥发性有机化合物（VOC）含量的测定第 1 部分:差值法

43）EN ISO 11890-1:2007 色漆和清漆 挥发性有机化合物（VOC）含量的测定第 1 部分:差值法

44）BS EN ISO 11890-1:2007 色漆和清漆 挥发性有机化合物（VOC）含量的测定第 1 部分:差值法

45）DIN EN ISO 11890-1:2007 色漆和清漆 挥发性有机化合物（VOC）含量的测定第 1 部分:差值法

46）NF EN ISO 11890-1:2007 色漆和清漆 挥发性有机化合物（VOC）含量的测定第 1 部分:差值法

47）ISO 11890-2:2013 色漆和清漆 挥发性有机化合物（VOC）含量的测定 第 2 部分:气相色谱法

48）EN ISO 11890-2:2013 色漆和清漆 挥发性有机化合物（VOC）含量的测定 第 2 部分:气相色谱法

49）BS EN ISO 11890-2:2013 色漆和清漆 挥发性有机化合物（VOC）含量的测定第 2 部分:气相色谱法

50）DIN EN ISO 11890-2:2013 色漆和清漆 挥发性有机化合物（VOC）含量的测定第 2 部分:气相色谱法

51）NF EN ISO 11890-2:2013 色漆和清漆 挥发性有机化合物 （VOC）含量的测定第 2 部分:气相色谱法

52）ISO 15181-2:2007 色漆和清漆——防污漆中生物毒料释放速率的测定——第 2 部分：萃取液中铜离子浓度的测定和释放速率的计算

53）EN ISO 15181-2：2007 色漆和清漆——防污漆中生物毒料释放速率的测定——第 2 部分：萃取液中铜离子浓度的测定和释放速率的计算

54）BS EN ISO 15181-2:2007 色漆和清漆——防污漆中生物毒料释放速率的测定——第 2 部分：萃取液中铜离子浓度的测定和释放速率的计算

55）DIN EN ISO 15181-2:2007 色漆和清漆——防污漆中生物毒料释放速率的测定——第 2 部分：萃取液中铜离子浓度的测定和释放速率的计算

56）NF EN ISO 15181-2:2007 色漆和清漆——防污漆中生物毒料释放速率的测定——第 2 部分：萃取液中铜离子浓度的测定和释放速率的计算

2.2 国外涂料产品安全标准和法规（34 个）

已收集国外涂料产品安全标准和法规 34 项，其中属于强制性的法规标准 28 项，其余为环境标志类标准，可自愿执行。按国家或地区来分，分别是：ISO 1 项、欧洲 11 项、美国 7 项、加拿大 4 项、澳大利亚 3 项、德国 2 项、英国 1 项、法国 1 项、日本 2 项、中国香港 2 项。这些标准中有些条款我们已在部分产品中实施，且指标也类似。有些要求国内还未执行，或涉及的涂料产品种类不够。具体见附表 3 国际标准或国外先进标准信息采集表（产品标准）。

1）美国环境保护署 40 CFR Part 59 建筑涂料挥发性有机化合物释放的国家标准

2）美国消费者产品安全改善法案 CPSIA-2008 中 101 条含铅儿童产品；含铅涂料标准

3）美国消费者产品安全改善法案 CPSIA-2008 中 108 条儿童玩具和婴儿护理产品

4）美国加州 65 法案 美国加州饮用水安全与毒性物质强制执行法

5）美国 GreenSeal 环保标准 GS-11-2014 油漆和涂料

6）美国环保局 重要新用途规则

7）ASTM F963-2011 玩具安全性消费品安全规范

8）2005/84/EC 号欧盟指令邻苯二甲酸酯指令

9）94/27/EC 号欧盟指令镍释放指令

10）91/338/EEC 号欧盟指令 镉含量指令

11）2004/42/EC 欧盟指令 对某些色漆、清漆以及车辆修补漆中由于使用有机溶剂而造成的挥发性有机化合物排放的限制及对欧盟指令 1999/13/EC 的部分修改

12）1907/2006/EC 号欧盟指令 化学品的注册、评估、授权和限制

13）2006/122/EC 号欧盟指令 关于限制全氟辛烷磺酸盐的指令

14）2002/61/EC 号欧盟指令 有害偶氮染料指令

15）1999/13/CE 号欧盟空气污染控制指令：对某些活动或设施中由于使用有机溶剂而造成的挥发性有机化合物排放的限制

16）2009/544/EC 号欧盟指令 室内色漆和清漆生态标签

17）2002/95/EC 号欧盟 RoHS 指令 关于在电子电气设备中限制使用某些有害物质指令

18）EN 71-3：2013 玩具安全——第 3 部分：特定元素的迁移

19）SOR/2005-109 加拿大《表面涂料条例》

20）《加拿大环境保护法案，1999》（CEPA 1999）第 93（1）分项 加拿大建筑涂料挥发性有机化合物（VOC）浓度限量法规

21）SOR/2010-298 加拿大邻苯二甲酸盐条例

22）SOR/2012-285 加拿大禁止特定有毒物质法规

23）法国强制的 VOC 排放标记

24）PCv2.2ii-2012 澳大利亚环境友好选择标志标准：色漆和涂料

25）澳大利亚含铅和其他元素的玩具和指印涂料强制性限量标准

26）澳大利亚标准 AS/NZS ISO 8124.3:2012 玩具安全——第 3 部分：特定元素的迁移

27）ISO 8124-3：2010 玩具安全——第 3 部分：特定元素的迁移

28）BS EN 71-3：2013 玩具安全——第 3 部分：特定元素的迁移

29）DIN EN 71-3：2013 玩具安全——第 3 部分：特定元素的迁移

30）德国蓝天使计划 环境标志标准 RAL-UZ 102 低排放墙面漆

31）日本建筑基准法实施令

32）日本环境协会 第 126 类生态标志产品：涂料

33）香港《空气污染管制（挥发性有机化合物）规例》

34）香港环境标志计划产品 GL-008-010 涂料环境标准

3　安全指标对比

基于涂料的特殊性，对于安全指标对比，涂料领域主要考虑的是化学类别的危害，产生其他物理类别的危害等的可能较少，这次没有考虑。本次安全标准对比，考虑到国内已制定的标准情况，主要对室内装饰装修用溶剂型木器涂料、室内装饰装修用溶剂型天然树脂木器涂料、室内装饰装修用水性木器涂料、内墙涂料、建筑涂料用乳液、建筑用外墙涂料、汽车涂料、铅笔涂层、玩具涂料、水性涂料、建筑防水涂料、聚氨酯防水涂料、地坪涂装材料、聚硅氧烷涂料、农用机械涂料、热固性粉末涂料、各色硝基铅笔底漆、电子电气设备涂层、玩具涂层 19 种产品类别进行了比较。对国外有规定而国内未制定标准的一些产品类别也进行了简单比较；同时将国内基本没有执行而国外有规定的邻苯二甲酸酯、全氟辛烷磺酸盐等的限制规定也列出。本次比较了 17 个项目类别，分别是：挥发性有机化合物（VOC）、苯系物含量（苯、甲苯、乙苯、二甲苯）、甲醇含量、卤代烃含量、游离二异氰酸酯（TDI、HDI）含量、重金属含量、游离甲醛、残余单体总和、乙二醇醚及醚酯总和、邻苯二甲酸酯类、氨、萘、蒽、苯酚、多溴联苯（PBBs）、多溴二苯醚（PBDEs）、全氟辛烷磺酸盐；共计比较项目次数 88 次。具体说明如下，比较情况见附表 5 标准指标数据对比表。

1）室内装饰装修用溶剂型木器涂料、室内装饰装修用溶剂型天然树脂木器

比较项目：挥发性有机化合物（VOC）、苯含量、甲苯+乙苯+二甲苯总和含量、甲醇含量、卤代烃含量、游离二异氰酸酯（TDI 和 HDI）含量总和、重金属含量。

比较结果：国外强制性法规和环保标准的 VOC、苯系物、卤代烃指标严于国标和环保标准要求，其余项目宽于国标要求。

2）内墙涂料

比较项目：挥发性有机化合物（VOC）、苯、甲苯、乙苯和二甲苯总和、游离甲醛、重金属。

比较结果：国外强制性法规和环保标准的 VOC、苯系物指标严于国标和环保标准要求，其余项目宽于国标要求。

3）建筑涂料用乳液

比较项目：挥发性有机化合物（VOC）、残余单体总和游离甲醛。

比较结果：国外无规定，宽于国标要求。

4）铅笔涂层

比较项目：8 种可溶性重金属。

比较结果：与国际标准中玩具指标一致。

5）建筑用外墙涂料

比较项目：挥发性有机化合物（VOC）、苯含量、甲苯+乙苯+二甲苯总和含量、游离甲醛含量、游离二异氰酸酯（TDI 和 HDI）含量总和、重金属含量、乙二醇醚及醚酯总和。

比较结果：国外强制性法规和环保标准的 VOC、苯系物、卤代烃、重金属指标严于国标和环保标准要求，其余项目宽于国标要求。

6）**汽车涂料**

比较项目：挥发性有机化合物（VOC）、苯含量、甲苯+乙苯+二甲苯总和含量、重金属含量、乙二醇醚及醚酯总和。

比较结果：国外强制性法规的 VOC 指标严于国标要求，其余项目宽于国标要求。

7）**室内装饰装修用水性木器涂料**

比较项目：挥发性有机化合物（VOC）、苯+甲苯+乙苯+二甲苯总和含量、游离甲醛含量、重金属含量、乙二醇醚及醚酯总和。

比较结果：国外强制性法规 VOC、苯系物指标严于国标要求，国外环保标准的 VOC 和甲醛指标与国标一致，其余项目宽于国标要求。

8）**玩具涂料**

比较项目：挥发性有机化合物（VOC）、苯含量、甲苯+乙苯+二甲苯总和含量、邻苯二甲酸酯类、重金属含量。

比较结果：国外法规和标准的邻苯二甲酸酯类和重金属项目指标与国标一致，其余项目宽于国标要求。

9）**水性涂料**

比较项目：挥发性有机化合物（VOC）、苯+甲苯+乙苯+二甲苯总和含量、游离甲醛含量、重金属含量、乙二醇醚及醚酯总和、卤代烃。

比较结果：国外环保标准 VOC 项目除建筑外墙和高光内墙严于国标外，低光内墙 VOC 项目、苯系物项目、工业涂料甲醛项目与国标要求一致外，其余基本宽于国标要求。

10）**建筑防水涂料、聚氨酯防水涂料**

比较项目：挥发性有机化合物（VOC）、苯+甲苯+乙苯+二甲苯总和含量、游离甲醛含量、重金属含量、游离 TDI、氨、萘、蒽、苯酚。

比较结果：国外对建筑防水涂料未作专门要求，但国外环保标准中 VOC、苯系物、游离甲醛指标严于国标要求，其他项目指标宽于国标的要求。

11）**地坪涂装材料**

比较项目：挥发性有机化合物（VOC）、苯含量、甲苯+乙苯+二甲苯总和含量、游离甲醛含量、重金属含量、游离 TDI、氨、萘、蒽、苯酚。

比较结果：国外环保标准中 VOC、苯系物、游离甲醛指标严于国标要求，其他项目指标宽于国标的要求。

12）**聚硅氧烷涂料**

比较项目：挥发性有机化合物（VOC）、重金属含量。

比较结果：国外对该类产品无专门规定，总体宽于国标要求。

13）**农用机械涂料、热固性粉末涂料、各色硝基铅笔底漆**

比较项目：重金属含量。

比较结果：国外对该类产品无专门规定，总体宽于国标要求。

14）电子电气设备涂层

比较项目：重金属含量、多溴联苯（PBBs）、多溴二苯醚（PBDEs）。

比较结果：国内尚未制定这类产品的有害物质限量标准，总体严于国标要求。

15）玩具涂层

比较项目：重金属。

比较结果：国内标准为等同采标标准，要求与国外标准一致。

16）其它品种涂料（除上面介绍的之外）

比较项目：挥发性有机化合物（VOC）。

比较结果：国内尚未制定这类产品的有害物质限量标准，总体严于国标要求。

17）邻苯二甲酸酯项目

国内除玩具涂料等很少一部分涂料已控制外，其他涂料品种尚未限制。

18）全氟辛烷磺酸盐项目

对于国内涂料，基本所有品种都未控制。

4 对比研究总体工作情况汇总

1）共采集 53 个国内标准的信息（包括 12 个强制性涂料安全产品标准、10 个推荐性涂料安全产品标准、2 个涂料产品有害物质含量环境标志标准和 29 个有害物质含量测试方法标准），填写国家标准信息采集表；

2）共采集 90 个国外标准和法规的信息（包括 34 个涂料安全产品标准和法规及 56 个有害物质含量测试方法标准），填写国际标准或国外先进标准信息采集表；

3）共对 17 个项目类别进行安全指标进行对比；

4）共对 19 种涂料产品类别、共计 88 次的项目次数进行安全指标对比。

第3章 TBT通报

1 产业概况

2013 年全球涂料总销量达到 4175 万吨，在过去的十年里，全球油漆和涂料的需求稳步增长，平均每年上涨 5.4%。2013 年全球涂料行业销售额达到 1273 亿美元，同比增长 6.1%。2013 年，我国涂料产业总产量预计约为 1400 万吨，较去年同期增长 10.2%；现价工业总产值约为 3300 亿元，较去年同期增长 12%；总利润约为 240 亿元，较去年同期增长 13%。2014 年，绿色涂料的应用范围不断扩大，水性涂料已占全球市场需求的约 40%，涂料的水性、高固含、无溶剂化已成为减少环境污染的重要途径。

随着中国经济重心正由地产业转向制造业，新技术对行业的冲击和影响日趋明显。这些变化都对涂料行业的发展提出了新的挑战与机遇。预计未来几年，在涂料产量增长的同时，产业和产品结构也有较大改变。国家产业结构调整的重点和方向是鼓励环境友好型、资源节约型涂料的生产。环保化、功能化和长效化将是涂料发展的三大趋势，是拉动未来市场需求的关键力量。未来低碳环保越来越受到重视，作为污染比较严重的溶剂型涂料，其 VOC 排放量已经受到了来自国内外法规的限制，除行业自身提高能效和节能减排水平之外，涂料行业还要为其他行业的节能减排、为发展清洁能源和可再生能源作出贡献。涂料行业还将建立健全环保标准、能耗标准、准入标准、产品标准等，通过标准规划的前瞻性、导向性、针对性和可操作性，推动行业结构调整与产业升级，促进企业技术进步，确保产品安全环保。

本研究的涂料产品的范围主要是建筑涂料、室内装饰装用涂料、玩具涂料等消费品类涂料。

2 国内外涂料相关标准法规概况

2.1 中国涂料标准及法规

涂料行业是我国 VOC 污染的主要来源之一，据估算 2010 年我国涂料使用过程的 VOC 排放量约为 223.5 万吨，占当年全国人为源 VOC 排放总量的 13%。我国涂料标准主要分为产品标准、工艺标准、试验方法标准和环保与安全标准。与涂料相关的标准主要涉及国家标准、环境行业标准、建材行业标准，制定机构主要包括全国涂料和颜料标准化技术委员会、全国轻质与装饰装修建筑材料标准化技术委员会、环境保护部科技标准司、全国危险化学品管理标准化技术委员会等。

全国涂料和颜料标准化技术委员会（SAC/TC 5）负责包括涂料和颜料基础标准、涂料产品及检验方法、涂漆前金属表面处理及涂漆工艺、颜料产品及检验方法、钢结构防腐涂料、涂料用漆基产品和试验方法。

全国轻质与装饰装修建筑材料标准化技术委员会（SAC/TC 195）主要负责全国石膏建筑材料及相关产品、建筑用非木制人造板材、建筑防水材料、建筑密封材料（密封膏、胶等）等专业领域标准化工作）。

环境保护部科技标准司制定的与涂料相关的标准主要是环境保护标准和技术规范。此外，由于涂料属于危险化学品，主要负责危险化学品的包装、贮存、运输和经销等专业领域，全国危险化学品管理标准化技术委员会（SAC/TC 251）也负责制定与涂料危险性相关的标准。

从 2001 年开始，我国颁布实施与室内装饰装修材料中有害物质限量强制性国家标准十余项，其中与涂料相关的包括 GB 18581—2009《室内装饰装修材料溶剂型木器涂料中有害物质限量》、GB 18582—2008《室内装饰装修材料内墙涂料中有害物质限量》、GB 24410—2009《室内装饰装修材料水性木器涂料中有害物质限量》。

此外，与涂料相关的法规和国家及行业强制性标准包括 GB 21177—2007《进口涂料检验监督管理办法》、《涂料危险货物危险特性检验安全规范》、GB 24408—2009《建筑用外墙涂料中有害物质限量》、GB 24613—2009《玩具用涂料中有害物质限量》、JC 1066—2008《建筑防水涂料中有害物质限量》、GB 50325—2010《民用建筑工程室内环境污染控制规范》、HJ 2537-2014《环境标志产品技术要求水性涂料》等，法规的主要技术内容及涉及的安全性指标见表 3-1。

表 3-1　中国与涂料相关法规和标准概况

序号	法规/标准名称	主要内容	涉及的安全性指标	
1	进口涂料检验监督管理办法（2002）	适用于进口涂料的备案、专项检测和检验监管工作。其中要求进口涂料专项检测应符合国家标准 GB 18581、GB 18582 和 GB 50325 及相关法律法规要求对进口涂料中有害物质进行的规定项目检测工作。涉及的涂料分为水性涂料和溶剂型涂料，其中对溶剂型涂料包括硝基漆、醇酸漆、聚氨酯漆、酚醛清漆、酚醛磁漆、酚醛防锈漆等	水性涂料	VOC、游离甲醛、Pb、Cd、Cr、Hg
			溶剂型涂料	苯、Pb、Cd、Cr、Hg、VOC、甲苯和二甲苯总和、甲苯二异氰酸酯（TDI）
2	GB 21177—2007 涂料危险货物危险特性检验安全规范	2007 年 11 月 20 日发布，并从 2008 年 6 月 1 日起正式实施。标准规定了液态涂料危险货物危险特性的要求、试验和检验规则。划分危险类别和包装类别时，应测定初沸点（ibp）和闭杯闪点（fp）还需要进行溶剂分离试验、黏度值等试验。综合考虑各试验结果确定其是否为易燃液体以及包装	易燃性	

表 3-1（续）

序号	法规/标准名称	主要内容	涉及的安全性指标
2	GB 21177—2007 涂料危险货物危险特性检验安全规范	类别。根据涂料的闪点和初沸点将危险程度划分为 3 个包装类别：I 类包装显示高度易燃；II 类包装显示中等易燃；III 类包装显示轻度易燃	易燃性
3	GB 18582—2008 室内装饰装修材料内墙涂料中有害物质限量	作为国家强制性标准于 2008 年 10 月 1 日起正式实施，并且替代在 2001 年发布的版本 GB 18582—2001，规定了室内装饰装修用水性墙面涂料（包括面漆和底漆）和水性墙面腻子中对人体有害物质容许限量的要求、试验方法、检验规则、包装标志、涂装安全及防护。适用于各类室内装饰装修用水性墙面涂料和水性墙面腻子	VOC，苯、甲苯、二甲苯、乙苯的总和，游离甲醛，可溶性重金属（Pb、Cd、Cr、Hg）
4	JC 1066—2008 建筑防水涂料中有害物质限量	2008 年 2 月 1 日发布，7 月 1 日实施。适用于建筑防水涂料和防水材料配套用的液体材料。根据有害物质含量将防水涂料分为 A 级、B 级。A 级为环保类防水涂料；B 级含量作为防水涂料进入市场的门槛，是防水涂料必须达到的最低要求。根据建筑防水涂料的性质又分为：水性、反应型、溶剂型三类防水涂料。水性、反应型防水涂料根据有害物质含量分为 A、B 两级，溶剂型防水涂料仅有 B 级	VOC，游离甲醛，苯、甲苯、乙苯和二甲苯总和，可溶性重金属（Pb、Cd、Cr、Hg），苯酚，蒽，萘，游离 TDI
5	GB 18581—2009 室内装饰装修材料溶剂型木器涂料中有害物质限量	代替了 GB 18581—2001，标准规定了室内装饰装修聚氨酯类、硝基类和醇酸类溶剂型木器涂料以及木器用溶剂型腻子中对人体和环境有害物质容许限值的要求，试验方法、检验规则、包装标志、涂装安全及防护等内容。标准适用于室内装饰装修和工厂涂装用聚氨酯类、硝基类和醇酸类溶剂型木器涂料（包括底漆和面漆）及木器用溶剂型腻子。不适用于辐射固化涂料和不饱和聚酯腻子	VOC，苯，甲苯、二甲苯、乙苯含量总和，游离二异氰酸酯（TDI、HDI）含量总和，甲醇，卤代烃，可溶性重金属（Pb、Cd、Cr、Hg）
6	GB 24410—2009 室内装饰装修材料水性木器涂料中有害物质限量	标准 2009 年 9 月 30 日发布，2010 年 6 月 1 日实施。规定了室内装饰装修用水性木器涂料和木器用水性腻子中对人体和环境有害的物质容许限量的要求、试验方法、检验规则、包装标志、涂装安全及防护等内容。适用于室内装饰装修和工厂化涂装用水性木器涂料以及木器用水性腻子	VOC、游离甲醛，苯、甲苯、乙苯和二甲苯总和，乙二醇醚及其酯类含量，可溶性重金属（Pb、Cd、Cr、Hg）

表 3-1（续）

序号	法规/标准名称	主要内容	涉及的安全性指标	
7	GB 24408—2009 建筑用外墙涂料中有害物质限量	2009 年 9 月 30 日发布，2010 年 6 月 1 日实施。标准规定了建筑用外墙涂料中对人体和环境有害的有害物质容许限量的要求、试验方法、检验规则和包装标志等内容，适用于直接现场涂装、对以水泥基及其他非金属材料为基材的建筑外表面进行装饰和防护的各类水性和溶剂型外墙涂料	水性外墙涂料	VOC、游离甲醛、乙二醇醚及醚酯含量总和、Pb、Cd、Cr^{6+}、Hg
			溶剂型外墙涂料	VOC，苯，甲苯、乙苯和二甲苯含量总和，游离二异氰酸酯（TDI 和 HDI）含量总和，乙二醇醚及醚酯含量总和、Pb、Cd、Cr^{6+}、Hg
8	GB 24613—2009 玩具用涂料中有害物质限量	标准 2009 年 11 月 15 日发布，2010 年 10 月 1 日实施。规定了玩具用涂料中对人体和环境有害的物质容许限量的要求、试验方法、检验规则和包装标志等内容，适用于各类玩具用涂料	VOC，苯，甲苯、乙苯和二甲苯总和，铅，可溶性元素（锑，砷，钡，镉，铬，铅，汞、硒），邻苯二甲酸酯（邻苯二甲酸二异辛酯（DEHP）、邻苯二甲酸二丁酯（DBP）和邻苯二甲酸丁苄酯（BBP）总和，邻苯二甲酸二异壬酯（DINP）、邻苯二甲酸二异癸酯（DIDP）和邻苯二甲酸二辛酯（DNOP）总和）	
9	GB 50325—2010 民用建筑工程室内环境污染控制规范	2010 年 8 月 18 日发布，2011 年 6 月 1 日实施，替代 GB 50325—2001。标准适用于新建、扩建和改建的民用建筑工程室内环境污染控制	水性涂料和水性腻子	游离甲醛
			溶剂型涂料和溶剂型腻子	VOC、苯、苯+甲苯+乙苯
10	HJ 2537—2014 环境标志产品技术要求水性涂料	2014 年 3 月 31 日发布，2014 年 7 月 1 日实施，代替了 HJ/T 201—2005《环境标志产品技术要求水性涂料》，规定了水性涂料环境标志产品的术语和定义、基本要求、技术内容和检验方法。适用于水性涂料和配用腻子，不适用于水性防水涂料、水性船舶漆	产品中不得人为添加的物质	烷基酚聚氧乙烯醚、邻苯二甲酸二异壬酯、邻苯二甲酸二正辛酯、邻苯二甲酸二（2-乙基己基）酯、邻苯二甲酸二异癸酯、邻苯二甲酸丁基苄基酯、邻苯二甲酸二丁酯

表 3-1（续）

<table>
<tr><th>序号</th><th>法规/标准名称</th><th>主要内容</th><th colspan="3">涉及的安全性指标</th></tr>
<tr><td rowspan="3">10</td><td rowspan="3">HJ 2537—2014 环境标志产品技术要求水性涂料</td><td rowspan="3">2014 年 3 月 31 日发布，2014 年 7 月 1 日实施，代替了 HJ/T 201—2005《环境标志产品技术要求水性涂料》，规定了水性涂料环境标志产品的术语和定义、基本要求、技术内容和检验方法。适用于水性涂料和配用腻子，不适用于水性防水涂料、水性船舶漆</td><td rowspan="2">建筑水性涂料</td><td>内墙涂料、腻子</td><td>VOC，游离甲醛，苯、甲苯、二甲苯、乙苯的总量，可溶性重金属（Pb、Cd、Cr、Hg）</td></tr>
<tr><td>外墙涂料</td><td>VOC，游离甲醛，苯、甲苯、二甲苯、乙苯的总量，可溶性重金属（Pb、Cd、Cr、Hg），乙二醇醚及酯类的总量</td></tr>
<tr><td>工业水性涂料</td><td>木器涂料</td><td>VOC，游离甲醛，乙二醇醚及酯类的总量，苯、甲苯、二甲苯、乙苯的总量，卤代烃，可溶性重金属（Pb、Cd、Cr、Hg）</td></tr>
</table>

2.2 欧盟涂料标准及法规

欧盟对涂料的规定主要涉及环保方面及安全方面的因素。目前管辖范围最广的法规即 REACH 法规，REACH 法规是欧盟基于多年管理经验，为保护人类健康和环境安全所制定的一部至今为止对化学品最为严格的管理体系。该体系将欧盟市场上约 3 万种化工产品及其下游的纺织、轻工、制药及众多行业的产品纳入欧盟统一的监管体系，涂料也归于其管理之中，对化学品的整个生命周期实行安全管理，并将原来由政府主管机构承担的收集、整理、公布化学品安全使用的责任转由企业承担。欧洲化学品管理局（European Chemicais Agency）是所有注册的中央管理机构，负责运行管理中央数据库，审查注册文档资料是否完整符合要求，协调评估过程。作出是否要求进一步提供信息和数据的决定，向欧盟委员会建议应重点关注的物质对象，并联系处理有关许可的事务，下设若干技术咨询委员会。欧盟委员会负责监管欧洲化学品管理局，对各成员国在评估意见不一致时作出决定，同样对许可和限制事务作出决定。

另外，由于涂料产品本身具有保护性、防腐性和装饰性等特性，使其许多电子电气产品需要大量的涂料产品涂覆在其产品不同的部位或表面之上，这就要求涂覆在其产品不同的部位的涂料产品必须进行欧盟 RoHS 环保认证，使之更加有利于人体健康及环境保护。欧盟 RoHS 指令（the Restriction of the use of certain hazardous substances in electrical and electronic equipment 的英文缩写）即欧洲议会和欧盟理事会《关于在电子电器设备中限制使用某些有害成分的指令》的 2002/95/EC 号指令，它是由欧盟立法制定的一项强制性标准，RoHS 指令也叫做环保认证，是符合欧美标准的环保认证；主要用于规范电子电气产品的材料及工艺标准。

欧盟与涂料相关的主要法规见表 3-2。

表 3-2 欧盟与涂料相关法规和标准概况

序号	法规名称	主要内容	涉及的安全性指标
1	2004/42/CE，油漆指令	油漆、涂料及车辆表面清洗产品中 VOC 物质的挥发量作了规定	VOC
2	2014/312/EC，室内及室外用色漆和清漆生态标准	室内、室外使用的油漆和清漆获得欧共体生态标签必须符合的生态标准	VOC
4	2002/95/EC，RoSH 指令	限制涂料产品中使用的六种物质	铅（Pb），镉（Cd），汞（Hg），六价铬（Cr），多溴联苯（PBB），多溴联苯醚（PBDE）
5	REACH 法规	附录 14 需授权物质清单 31 种物质中有与涂料相关的 9 种；附录 17 限制清单列表中有 24 种物质与涂料产品相关	需授权物质包括：短链氯化石蜡 SCCPs（C10-13）、邻苯二甲酸丁苄酯（BBP）、4，4′–二氨基二苯基甲烷（MDA）、邻苯二甲酸二丁酯（DBP）、邻苯二甲酸二异丁酯、铬酸铅、铬酸锶、铬橙、钼铬红、钼红；限制清单列表：氯乙烯、苯、中性无水碳酸铅、碱式碳酸铅、$PbSO_4$（1:1）、Pb_xSO_4、有机锡化合物、镉及其化合物、氯仿、四氯化碳、1，1，2–三氯乙烷、1，1，2，2–四氯乙烷、1，1，1，2–四氯乙烷、五氯乙烷、1，1–二氯乙烯、1，1，1–三氯乙烷、氯化烷烃（10 ~ 13 个碳原子）；短链氯化石蜡、甲苯、邻苯二甲酸二异辛酯（DEHP）、邻苯二甲酸二丁酯（DBP）、邻苯二甲酸丁苄酯（BBP）、邻苯二甲酸二异壬酯（DINP）、邻苯二甲酸二异癸酯（DIDP）、邻苯二甲酸二正辛酯（DNOP）
6	2006/122/EC，关于限制全氟辛烷磺酸销售及使用的指令	全氟辛烷磺酸以阴离子形式存在于盐、衍生体和聚合体中，因其防油和防水性而作为原料被广泛用于纺织	全氟辛烷磺酸

表 3-2（续）

序号	法规名称	主要内容	涉及的安全性指标
6	2006/122/EC，关于限制全氟辛烷磺酸销售及使用的指令	品、地毯、纸、涂料、消防泡沫、影像材料、航空液压油等产品的涂层中。法规规定不得销售以 PFOS 为构成物质或要素的、浓度或质量等于或超过 0.005%的物质。不得销售含有 PFOS 浓度或质量等于或超过 0.1%的成品、半成品及零件	全氟辛烷磺酸
7	1272/2008/EC，欧盟物质和混合物的分类、标签和包装法规	对三类涂料产品（易燃气溶胶、易燃液体、金属腐蚀物质和混合物）进行了详细的危险分类	易燃性、腐蚀性

2.3 美国涂料标准及法规

涂料的安全性主要体现在其环保方面的要求，因此涂料通常受到环保部门法规的限制。

根据联邦环境保护法，联邦政府授权联邦环保局制定环境保护法规以及行政执法的权力。联邦环保局的职责是通过有效的执法和实施各项环境保护计划，不断提高环境质量，保护公众健康和创造舒适优美的环境。州政府也设有环境保护部门，并且也有相应的在环保领域的立法和执法权，但州政府及其环境保护部门在立法和执法过程中所占的地位，总的来说仍无法与联邦环保局的地位相提并论。

美国联邦环境保护局基于《机构重组计划》，作为一个独立行政部门成立于 1970 年 12 月。它被授权承接先前联邦水质委员会、大气污染控制委员会、原子能委员会等机构职能，与各州地方政府协调合作采取综合性措施控制、消除大气、水、固体废物等污染。美国联邦环境保护局管理机制是按处理的介质划分的，下设空气、水、固体废物、农药等办公室。

美国各州都设有州一级的环境质量委员会和环境保护局，州级环境保护管理机构在美国环境保护中发挥着重要作用。总之，各州环境保护机构一方面是联邦环境保护执行各项法律法规、环境标准、环境保护计划的具体实施者和监督者，另一方面也享有一定的自主权，在州范围内以保护人类健康、维护环境安全为目标开展环境执法和环境研究。

这两方面的职能都来自法律的直接规定：大部分涉及环境保护的联邦法律都规定，州环保机构经联邦环保局审查合格，即应被授予执行和实施环境保护法律的权力；同时，州环保法规明确把环境行政管理权授予了州环保机构和某些其他行政机关。但是，州级环境保护局并不受联邦环保局的领导和管理，也不是附属关系，各州环保局各自保持独立，依照本州法律履行职责，只依据联邦法律，在部分事项上与联邦环保局合作，完成任务。

加州在美国环保方面一直走在前列，是美国唯一一个有空气资源委员会的州。加州空气资源委员会（CARB）自 1967 年成立以来就一直致力于空气质量的改善。在 1966 年，加州空气资源委员会在全美率先提出汽车尾气排放的限制，后被美国联邦政府采纳。加州空气资源委员会的使命包括：创造和保持健康的空气质量；防止公众接触空气中的污染源；为遵守空气污染的规则和条例提供创新性的方法。加州空气资源委员会是加州环境保护局一个部门。加州是美国唯一被允许有这样的管理机构的省份，因为它是唯一的一个在国家联邦清洁空气法案已通过前就拥有这样机构的省份。美国其他省份可以按照加州的标准，或使用联邦的标准，但不能确定自己的标准。

根据一系列联邦环境保护法律，联邦和各州政府共同承担环境管理的责任。联邦环保局将针对在自然资源保护和污染防治治理上执行不力和对各项环保计划的实行不予配合的州，给予严厉惩罚，如联邦环保局可以依职权没收联邦政府提供给各州的修建公路资金，并有权替他们制定行动计划。另外，如果州环保局不能正常履行职责，联邦环保局还可以直接接管其运行。经过多年的实践，这种体制基本可以保证环保标准既能保护公众健康，又照顾到涉及各方的利益，联邦政府与州政府的力量平衡造就了一个强有力的监管机制。见表 3-3。

表 3-3　美国与涂料相关法规和标准概况

序号	法规名称	主要内容	涉及的安全性指标
1	16 CFR 1303 部分，消费品安全改进法（CPSIA）	对消费品涂层中的铅含量进行了限制规定，供消费者使用的、含有铅或铅化合物的油漆和类似表面涂层，其铅含量（按金属铅计算）均不得超过油漆中不挥发物总含量的重量或干漆膜重量的 0.009%。对于带有含铅漆（指铅含量超标的油漆或涂层）的玩具、其他供儿童使用的物品以及供消费者使用的家具物品也被宣布为被禁止的危险产品	铅
2	加州南海岸空气质量管理区（SCAQMD）法规 1143，《加州涂料稀释剂和多种用途溶剂的 VOC 限量规定》	对在洛杉矶地区销售的涂料稀释剂和多种用途的溶剂中 VOC 含量采取了严格限制规定，覆盖的涂料产品包括在五金店，家装点和油漆供应商店销售的，供消费者、承包商和涂料工使用的，涂料稀释剂和清洗涂料应用设备的溶剂	VOC
3	40 CFR Part 59 Subpart D，建筑涂料挥发性有机化合物释放	EPA 根据 1990 年制定的清洁空气法规（CAA）183（e）章，拟定了建筑涂料 VOC 释放国标初稿。法规适用于在 1999 年 9 月 13 日后为在美国包括哥伦比亚特区和全美领地销售而制造（或进口）的建筑涂料制造商与进口商	VOC
4	气溶胶涂料的挥发性有机化合物排放	美国 1990 年修订的空气清洁法（CAA）第 183（e）款，要求要求管理者控制某些类别消费品及工业品的挥发性有机化合物（VOC）排放，将促进臭氧生成和导致臭氧不合格的 VOC 排放减到最小	VOC

表 3-3（续）

序号	法规名称	主要内容	涉及的安全性指标
5	40 CFR Part 61 和 40 CFR Part 63，有害空气污染物国家排放标准（NESHAP）	不仅对涂料产品本身的性能和有害物质限量作出了要求，还对涂料产品各品种从原材料使用、生产过程、涂装施工技术选择、废气废水排放等多方面提出了严格要求	苯类化合物
6	美国国家油漆涂料协会，危害材料鉴定体系（HMIS）	危害材料鉴定体系（HMIS）以便于人们理解涂料产品的职业健康危害和安全信息	健康危害、可燃性、反应活性
7	GS-11 美国油漆涂料绿色标识的环境标准	油漆涂料（包括墙面涂料、防腐涂料、反光涂料、地板漆、底漆和内层漆）制定了限量要求，规定了油漆涂料中挥发性芳香烃化合物的总量不得超过 0.5%	挥发性芳香烃化合物的总量

3 国内外涂料安全要求发展趋势分析

各国与涂料相关法律的立法趋势可以从近年的通报中发现规律，因此，以下分析我国及欧美的近年 WTO/TBT 通报，以发现其发展趋势。

3.1 中国

3.1.1 中国涂料相关的 WTO/TBT 通报

中国与欧美的标准体系有所不同，强制性标准相当于法律性的规范文件。经过几十年的努力，我国涂料行业的标准化发展已经取得了一定程度的进展。但是由于产品技术的不断进步和社会经济的不断发展，国内涂料行业的标准缺失和标准老化等问题也比较严重。因此，我国涂料行业的相关标准需要进一步完善。虽然我国涂料标准体系已初步形成，但由于长期以来国内涂料标准只注重其使用性能、保护性能和装饰性能等方面，对环境影响和人体危害等方面的考虑相对要少，我国的涂料安全环保标准与国外相比有一定差距。但近年来，我国开始注重涂料的安全环保问题，属消费品类的涂料相关的 WTO/TBT 的通报见表 3-4 所示，立法的趋势见图 3-1。

表 3-4 中国近年 WTO/TBT 的通报

序号	通报号	日期	通报标题
1	G/TBT/N/CHN/276	2007-08-27	中华人民共和国国家标准《涂料危险货物危险特性检验安全规范》
2	G/TBT/N/CHN/301	2007-11-14	中华人民共和国国家标准《室内装饰装修材料内墙涂料中有害物质限量》

表 3-4（续）

序号	通报号	日期	通报标题
3	G/TBT/N/CHN/471	2008-10-01	中华人民共和国国家标准《建筑用外墙涂料中有害物质限量》
4	G/TBT/N/CHN/470	2008-10-01	中华人民共和国国家标准《室内装饰装修材料水性木器涂料中有害物质限量》
5	G/TBT/N/CHN/473	2008-10-01	中华人民共和国国家标准《玩具用涂料中有害物质限量》
6	G/TBT/N/CHN/469	2008-10-01	中华人民共和国国家标准《室内装饰装修材料溶剂型木器涂料中有害物质限量》

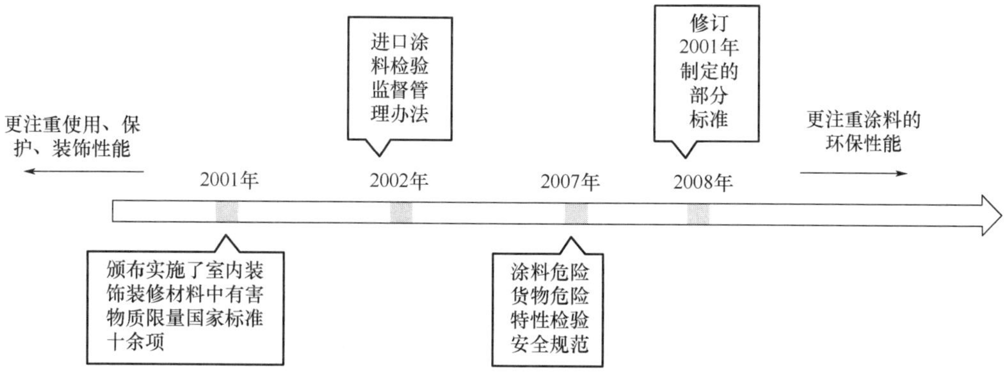

图 3-1 中国近年涂料安全性法规与标准立法趋势

通报中所涉及的标准包括：GB 21177—2007《涂料危险货物危险特性检验安全规范》、GB 18582—2008《室内装饰装修材料 内墙涂料中有害物质限量》、GB 24408—2009《建筑用外墙涂料中有害物质限量》、GB 24410—2009《室内装饰装修材料 水性木器涂料中有害物质限量》、GB 24613—2009《玩具用涂料中有害物质限量》、GB 18581—2009《室内装饰装修材料 溶剂型木器涂料中有害物质限量》。

3.1.2 中国涂料安全标准发展趋势

从 2001 年开始，我国颁布实施了室内装饰装修材料中有害物质限量强制性国家标准十余项，其中与涂料相关标准中的两项 GB 18581 和 GB 18582，在 2008 年进行了修订，涉及的通报号分别为 G/TBT/N/CHN/301 和 G/TBT/N/CHN/469。表 3-5 总结了两个标准中指标的变化情况。

表 3-5 GB 18581 和 GB 18582 与旧版相比发生的变化

标准	变化时间	变化指标	变化内容
GB 18582—2008《室内装饰装修材料内墙涂料中有害物质限量》	2008	苯、甲苯、乙苯和二甲苯总和	增加指标项，含量≤300mg/kg
		挥发性有机化合物（VOC）	更加严格

表 3-5（续）

标准	变化时间	变化指标	变化内容
GB 18582—2008《室内装饰装修材料内墙涂料中有害物质限量》	2008	水性墙面涂料 VOC	增加指标项，含量≤120g/L
		水性墙面腻子 VOC	增加指标项，含量≤15g/kg
GB 18581—2009 室内装饰装修材料溶剂型木器涂料中有害物质限量	2008	甲醇含量	硝基类涂料增加项目
		甲苯、乙苯和二甲苯含量总和	替代“甲苯和二甲苯含量总和”
		游离二异氰酸酯（TDI、HDI）含量总和	替代“游离甲苯二异氰酸酯（TDI）含量”，且更加严格
		卤代烃	增加指标项
		挥发性有机化合物含量	更严格
		甲苯、乙苯和二甲苯含量总和	更严格
		苯	更严格

从表 3-5 中可以看出，新修订的标准更加的严格，因为考虑到更多生产过程中的实际情况，控制的项目也更多，如 GB 18582 的修订考虑到硝基类涂料有使用乙醇作溶剂，且乙醇中会带入甲醇，以及有些小厂直接使用甲醇作溶剂的现状，修订后的标准对硝基类涂料增设了甲醇含量项目；由于六亚甲基二异氰酸酯（HDI）与甲苯二异氰酸酯（TDI）毒性相似，且许多生产聚氨酯类涂料的企业也使用含有游离六亚甲基二异氰酸酯（HDI）的原料，故修订后的标准将 TDI 项目改为 HDI、TDI 总和项目。

3.2 欧盟

3.2.1 欧盟涂料相关的 WTO/TBT 通报

欧盟近年与涂料相关的通报较少，可查到的通报只有一个，具体内容如下：

（1）通报号：G/TBT/N/EU/228

（2）通报名称：欧盟就油漆和涂料中掺入含有季铵盐化合物的阳离子聚合物粘合剂发布草案

（3）内容：2014 年 7 月 29 日，欧盟委员会依据生物灭杀剂法规［（EU）NO 528/2012］的第 3（3）条，向 WTO 秘书处通报了关于油漆和涂料中掺入含有季铵盐化合物的阳离子聚合物粘合剂的相关要求的草案。

（4）草案内容主要涉及：

① 投放市场的用于掺入油漆和涂料中的含有季铵盐化合物的阳离子聚合物粘合剂；

② 掺入油漆和涂料中的含有季铵盐化合物的阳离子聚合物粘合剂的油漆是否确定为生物灭杀产品。

草案拟批准日期为 2014 年 10 月，拟生效日期为自官方公报发布之日起第 20 日。

意见反馈截止日期为自通报之日起 60 天。

3.2.2 欧盟涂料安全法规发展趋势

对于欧盟涂料法规来说重要的是油漆指令（2004/42/CE）、室内和室外用色漆和清漆生态标准（2014/312/EC），从欧盟的 EUR-Lex 数据库中可以查询到以上法规与标准的变化，发现变动最多的是室内和室外用色漆和清漆生态标准，现将标准各阶段的变化列于表 3-6。

表 3-6 室内及室外用色漆和清漆生态标准中 VOC 含量的变化

时间	总体变化内容	变化指标	限值（g/L）
1995.12.15	最初版本 96/13/EC，将产品分为两个等级的、一类是 60° 光泽≤45 的涂料，二类是 60° 光泽>45 的涂料，规定了 TiO_2、挥发性有机化合物、挥发性芳香化合物等安全性指标	—	—
1998.12.19	版本 1999/10/EC，具体准则发生变化。删除了 96/13/EC 中的准则 5 和 6，新版增加准则 1，准则 4。删除了总体标准要求。将危险物质准则放在环境标准要求中	挥发性芳香烃，60° 光泽≤45 光泽的涂料	从 0.5%降低到 0.2%
		挥发性芳香烃，60° 光泽>45 光泽的涂料	从 1.5%降低到 0.5%
2002.03.09	版本 2002/739/EC，定义了色漆和清漆的概念，调整了产品范围	产品范围	适用的产品范围将地板漆包含在内，不适用的产品范围内，增加了“特殊产品，包括具体的染色阻滞剂和高性能的渗透底漆”、“任何主要用于户外及销售的涂料产品”
		条 3	产品范围和特殊生态标准的定义至 2003 年 8 月 31 日有效
		产品分类	不再只按照光泽度进行分类
2008.08.13	版本 2009/543/EC，VOC 指标变化	室外矿物质基质墙面涂料	40
		木质和金属件装饰和保护性色漆（包括底漆）	90
		室外装饰性清漆和木材着色剂，包括不透明的木材着色剂	90

表 3-6（续）

时间	总体变化内容	变化指标	限值（g/L）
2008.08.13	版本 2009/543/EC，VOC 指标变化	单组分功能涂料	200
2008.08.13	版本 2009/544/EC，VOC 指标变化	室内亚光墙体及顶棚涂料（60° 光泽<25）	15
		室内光泽墙体及顶棚涂料（60° 光泽>25）	60
		木质和金属件装饰和保护性色漆（包括底漆）	90
		室内装饰性清漆和木材着色剂，包括不透明的木材着色剂	75
		室内及室外最小构造木材着色剂	75
		底漆	15
		粘合性底漆	15
		单组分功能涂料	100
		双组分反应的功能涂料（如地坪专用漆）	100
		装饰性效果涂料	90
2013.07.11	2009/544/EC 及 2009/543/EC 有效日期至 2013.06.30	—	—
2014.05.28	修订 2009/544/EC，室内用色漆和清漆生态标准和 2009/543/EC，室外用色漆和清漆生态标准，合并为 2014/312/EC，除了限定 VOC 的含量还限定了半挥发有机化合物（SVOC）的含量	室内亚光墙体及顶棚涂料（60° 光泽<25）	降低为 10
		室内光泽墙体及顶棚涂料（60° 光泽>25）	降低为 40
		室外矿物质基质墙面涂料	降低为 25
		木质和金属件装饰和保护性色漆（包括底漆）	降低为 80
		室内装饰性清漆和木材着色剂，包括不透明的木材着色剂	降低为 65
		室外装饰性清漆和木材着色剂，包括不透明的木材着色剂	降低为 75
		室内及室外最小构造木材着色剂	降低为 50

表 3-6（续）

时间	总体变化内容	变化指标	限值（g/L）
2014.05.28	修订 2009/544/EC，室内用色漆和清漆生态标准和 2009/543/EC，室外用色漆和清漆生态标准，合并为 2014/312/EC，除了限定 VOC 的含量还限定了半挥发有机化合物（SVOC）的含量	底漆	不变
		粘合性底漆	不变
		单组分功能涂料	降低为 80
		双组分反应的功能涂料（如地坪专用漆）	降低为 80
		装饰性效果涂料	降低为 80

从表 3-6 中可以看出，欧盟油漆的生态标准早在 1995 年就已制定并实施，对油漆安全性要求起步早、要求高，并且欧盟的法规修订频率比较高，不断地调整适用的产品范围，产品分类愈加细化，限定的安全性指标项紧跟技术的进步及变化，并且 2014 年以后的最新版中 VOC 限量的消减幅度非常大。但是，这些修订却并未在 TBT 通报中查询到，这说明欧盟对于标准法规的修订有比较严格的时间表，但是却未及时向各国发出 WTO/TBT 通报。

3.3 美国

近年关于消费类涂料产品的相关通报主要是美国的 5 个通报（见表 3-7），涉及的法规包括《有害空气污染物国家标准》NESHAP（National Emission Standards for Hazardous Air Pollutants，NESHAP）、清洁空气法、重要替代品政策（Significant Alternatives Policy）计划、消费品安全改进法、罗得岛州《防止大气污染条例 No.33》。

表 3-7　美国涂料相关法规通报

通报号	日期	负责机构	通报标题	涉及法规
G/TBT/N/USA/114	2005-05-18	环保署	国家危害空气污染物排放标准，各种涂料的生产	《有害空气污染物国家标准》NESHAP
G/TBT/N/USA/278	2007-06-01	环保署	平流层臭氧保护：消耗臭氧层物质的替代物列表，在粘合剂、涂料和气溶胶中的 *n*-丙基溴化物	平流层臭氧保护
G/TBT/N/USA/284	2007-07-19	环保署	喷雾涂料挥发性有机化合物排放国家标准；法规提案	反应性挥发有机化合物国家排放标准
G/TBT/N/USA/439	2009-01-14	消费品安全委员会	禁止含铅涂料和某些具有含铅涂料的消费品，最终规则	消费品安全改进法
G/TBT/N/USA/454	2009-02-16	罗德岛州	防止大气污染条例 No.33 控制来自建筑涂料和工业维护涂料的挥发性有机化合物修正提案	防止大气污染条例 No.33

（1）G/TBT/N/USA/114

2005 年 5 月 18 日，世贸组织（WTO）国际贸易技术壁垒委员会 Committee on Technical Barriers to Trade，简称 TBT 委员会）向参加世界贸易组织的各成员国发出 G/TBT/N/USA/114 号技术性贸易措施，提出通过附加合规性方案和说明的方式修订《有害空气污染物国家标准》NESHAP（National Emission Standards for Hazardous Air Pollutants，NESHAP）。一种方案是通过测量总有机化合物排放降低的百分比来证明符合该标准，另一种是根据配比数据以涂料产品中危害空气污染物限量的重量百分比来证明符合该标准。有关加工容器的标准也作了变动，要求容器上有供放料和取样的可开闭的罩或盖子。其他的变化包括：对清洁操作要求的说明，加到现有资源上设备的合规日期，确定排放流是卤代烃气流的条件，以及描述加工容器排放限量的术语。该行动还提议修订第 2 组转运操作的定义，以明确所有的装载操作是各类涂料生产所影响到的源的一部分，因此不属于 NESHAP 中的有机液体分类。

（2）G/TBT/N/USA/278

由于与其他可用替代物相比，*n*-丙基溴化物（*n*PB）在若干最终用途中对人体健康有不可接受的风险，因此 EPA 提议当三氯乙烷、氯氟烃（CFC）-113，以及氯氟碳氢化合物（HCFC）-141b 在粘合剂或气溶胶溶剂中使用时，*n*-丙基溴化物不可作为它们的替代物。另外，环保署就可能发现 *n*PB 在粘合剂或气溶胶溶剂的使用条件下可接受的替代方案，征求评议意见。同样还提议 *n*PB 在涂料的最终用途的情况下作为三氯乙烷、氯氟烃（CFC）-113，和氯氟碳氢化合物（HCFC）-141b 的替代物是可行的。本提案取代环保署 2003 年 6 月 3 日的关于 *n*PB 作为气溶胶和粘合剂中消耗臭氧层物质替代品的可接受性的提案。

（3）G/TBT/N/USA/284

2007 年 7 月 19 日美国环保署根据清洁空气法（CAA）第 183（e）款对气溶胶涂料产品制定反应性挥发性有机化合物（VOC）国家排放法规。标准提议执行 1990 年修订的清洁空气法（CAA）第 183（e）款，要求管理者控制某些类别消费品及工业品的挥发性有机化合物（VOC）排放，将促进臭氧生成和导致不符合臭氧安全标准的 VOC 排放减到最小。法规适用于气溶胶性涂料生产商、加工商、经销商、进口商、普通消费者以及工业用途，也适用于加贴所有气溶胶性涂料产品标签的经销商。提议免除生产限量内气溶胶涂料产品的生产商。本法规提议对气溶胶涂料制定一个全国性的反应性有机化合物标准。各州已颁布了基于减少 VOC 质量的气溶胶涂料类产品法规。然而，环保署认为对于此类特殊产品基于相对反应性方式的国家法规可以比基于质量方式更多地减少臭氧生成。环保署认为本法规通过鼓励减少使用反应性 VOC 成分能更好地控制产品促进臭氧生成，而不是像传统基于质量方式那样处理产品中所有的 VOC。环保署还拟修订环保署的 VOC 免除化合物法律定义以说明所有促进臭氧生成的气溶胶涂料反应性化合物。因此，按照其他适用定义不是 VOC 的化合物根据本法规提案将计算在产品的反应界限内。产品类别原始清单和法规进度表已在 1995 年 3 月 23 日公布（60 FR 15264）。本提案行动宣布了环保署的最终决议，列出了第 III 组管理的消费品及工业品类的气溶胶涂料，对于此类产品法规按照空气清洁法第 183（e）款被修订。限定一系列 6 类常规涂料以及 30 个分类的特殊涂料的反应限量，反应限量使用每克产品的臭氧产生量来表示。此外为符合反应性限值，被法律约束的对象同样要求要符合标签、记录和报告要求。

表 3-8 36 种涂料的光化学反应限值

涂料类别	光化学反应限值
透明涂料	1.5
哑光涂料	1.20
荧光涂料	1.75
金属涂料	1.90
非光涂料	1.40
底漆	1.20
地面交通标志涂料	1.20
艺术用涂料	1.80
汽车车身底漆	1.55
汽车保险杠和装饰性产品	1.75
航空或海洋用底漆	2.00
航空推进器用涂料	2.50
防腐铜涂料	1.80
精确匹配表面漆——发动机瓷漆	1.70
精确匹配表面漆——汽车	1.5
精确匹配表面漆——工业	2.05
喷雾涂料	1.70
玻璃涂料	1.40
高温涂料	1.85
业余爱好/模型/工艺涂料，搪瓷	1.45
业余爱好/模型/工艺涂料	2.70
业余爱好/模型/工艺涂料，透明或金属光泽	1.60
海洋平台清漆	0.90
图片涂料	1.00
游艇底漆、二道底漆或中层底漆	1.05
游艇面漆	0.60
聚烯烃增粘剂	2.50
虫胶密封剂，透明	1.00
臭脚密封剂，有色	0.95

表 3-8（续）

涂料类别	光化学反应限值
防滑涂料	2.45
多彩涂料	1.05
乙烯/面料/皮革/聚碳酸酯涂层	1.55
织带、面纱涂料	0.85
焊接槽底漆	1.00
木器漆	1.40
木制品润色、维修或修复涂料	1.5

自发出通报后，2008 年 3 月 25 日、2008 年 11 月 13 日、2009 年 01 月 07 日、2009 年 04 月 03 日和 2009 年 06 月 23 日共发出 6 次补遗的通报，其中第 5 次补遗和第 6 次补遗对标准做了修改。

第 5 次补遗规则提案，提议修订表 2A、2B 和 2C——反应因子，提议涉及要求公司保证其将对于某个管理的实体遵守保存记录和报告要求承担责任的公告做出某些修订，并且接受关于是否修订在这类保证之后谁负有责任的评议意见。本行动同样还提议对气溶胶涂料反应性规则做出较小的修订和改正。

第 6 次补遗是最终规则，修订了关于气溶胶涂料的国家挥发性有机化合物排放标准（气溶胶涂料反应性规则），根据《清洁空气法案》第 183（e）项，该标准规定了关于气溶胶涂料种类（气溶胶喷漆）的国家基于反应性的排放标准。这些修正案基于环保署（EPA）收到的来自管理实体的请求，将化合物和相关的反应性因素增加到反应因子中，并且阐明了哪些挥发性有机化合物在符合性测定中是量化的。另外，本最终规则做出了某些涉及通告的修改，要求公司向管理实体证明其将承担遵守保存记录和报告要求的责任，并且同样也提出了哪种当事人对这种证明负有责任。此外，在本次行动中，我们对气溶胶涂料反应性规则做出了较小的修订和修正。

（4）G/TBT/N/USA/439

禁止含铅涂料和某些消费品喷涂含铅涂料。消费品安全委员会法规 16 CFR 1303.1 将一些消费品被定义为“禁止的有害产品”，包括含铅量超过涂料总非挥发性有机物重量的 0.06%，或者干漆膜重量的 0.06%的涂料，或近似的表面喷涂物品、玩具以及其他儿童用物品和一些喷涂含铅涂料的家具。2008 年 8 月 14 日，《消费品安全改进法 2008》，将 0.06%的铅限量降低到 0.009%。2009 年 8 月 14 日，含铅涂料 90×10^{-6} 的含铅限制量开始生效。大部分产品必须出具普通合格证书，以及第三方测试证明。

2011 年 4 月 15 日，第一次补遗，某些儿童产品的第三方测试：关于第三方合格评定机构（铅涂料）的认可要求通告。修订据铅涂料禁令法规测试的第三方合格评定机构认可的标准和程序。

（5）G/TBT/N/USA/454

修订了关于控制来自建筑和工业维护涂料的挥发性有机化合物的规则；限定了 53 种

建筑和工业维护涂料的挥发性有机化合物（VOC）含量。法规条文适用于任何在 2009 年 7 月 1 日始或之后在罗德岛州销售、提供销售、供应或生产建筑涂料的个人，以及任何申请建筑涂料作为赔偿的个人或在罗德岛州内使用建筑涂料的人。不适用于以下情况：为运输在罗德岛州销售、提供销售或生产的建筑涂料和建筑围护用涂料；在罗德岛州外使用的；或运输到其他生产商进行从新配制或包装的；小于等于 1L 的桶销售的建筑涂料；所有气溶胶涂料。

以上所有通报主要是涂料生产过程控制内容的修订，*n*-丙基溴化物（*n*PB）在涂料中使用时作为温室气体和臭氧层破坏物质的替代物，改变控制 VOC 总量的方式、鼓励减少 VOC 中反应性成分，玩具以及其他儿童用物品和一些喷涂含铅涂料的家具中的铅含量限量更加严格（0.06%的铅限量降低到 0.009%）。

通过近年的通报发现，对于 VOC，美国开始从对质量的总体控制转向对其中反应性成分的控制，不仅对涂料产品中有害物质进行限量，对涂料生产过程也进行更为严格的控制。

4　技术指标比对及建议

4.1　指标的选取

前述欧盟、美国和中国涂料相关法规中涉及到的安全性指标均为化学性指标，根据近年来的各国通报及标准法规的变化和沿革来看，最为注重的是挥发性有机化合物的限量，调整最多的也是 VOC 限量。目前，装饰装修过程中使用的涂料是室内 VOC 的主要来源之一。国际上对涂料产品中 VOC 的定义是指在与涂料产品接触的大气正常温度和压力下能自行蒸发的任何有机液体或固体，通常将涂料产品中在常压下沸点不高于 250℃的任何有机化合物都定义为 VOC。涂料在生产过程中所使用的甲醛、苯、甲苯、二甲苯和乙二醇类溶剂等有机化合物都会以 VOC 的形式在装饰装修后挥发出来，严重影响室内空气环境质量，并且其中的 20 多种化合物为致癌物或致突变物，有些长期接触可导致癌症或导致流产、胎儿畸形和生长发育迟缓等现象发生，故对孕妇、小孩等特殊人群影响最大。此外，目前国内外对于儿童玩具用涂料中重金属含量的要求比较重视，涂料中可溶性重金属对儿童影响较大。

基于以上原因，本文选取挥发性有机化合物作为重点比对的指标，且关注玩具涂料中重金属含量我国与欧美之间的差别。

4.2　安全指标对比

4.2.1　VOC 要求对比

综合各国的相关标准法规，将其中对于 VOC 的限量要求分别列于表 3-9 ~ 表 3-11。

表 3-9 中国涂料产品法规与标准中 VOC 限量要求

法规/标准名称	产品类别		VOC 限量值 g/L	历史版本
进口涂料检验监督管理办法	水性涂料		200	—
	溶剂型涂料	硝基漆	750	
		醇酸漆	550	
		聚氨酯漆	600	
		酚醛清漆	500	
		酚醛磁漆	380	
		酚醛防锈漆	270	
		其他溶剂型涂料	600	
JC 1066—2008 建筑防水涂料有害物质限量	水性建筑防水涂料	A 级	80	—
		B 级	120	
	反应型建筑防水涂料	A 级	50	
		B 级	200	
	溶剂型建筑防水涂料	B 级	750	
HJ 2537—2014 环境标志产品技术要求 水性涂料	建筑水性内墙涂料	光泽（60°）≤10 面漆	50	HJ/T 201-2005
		光泽（60°）>10 面漆	80	
		底漆	50	
	建筑水性外墙涂料	面漆	100	
		底漆	80	
	腻子（粉状、膏状）		10g/kg	
	工业水性木器涂料	清漆	80	
		色漆	70	
		腻子（粉状、膏状）	10 g/kg	
GB 50325—2010 民用建筑工程室内环境污染控制规范	室内用水性涂料和水性腻子	—	—	—
	室内用溶剂型涂料和木器用溶剂型腻子	醇酸类涂料	500	
		硝基类涂料	720	
		聚氨酯类涂料	670	
		酚醛防锈漆	270	
		其他溶剂型涂料	600	
		木器用溶剂型腻子	550	

表 3-9（续）

法规/标准名称	产品类别		VOC 限量值 g/L	历史版本
GB 18582—2008 室内装饰装修材料内墙涂料中有害物质限量	水性墙面涂料		120	GB 18582—2001
	水性墙面腻子		15	
GB 24408—2009 建筑用外墙涂料中有害物质限量	水性外墙涂料	底漆	120	—
		面漆	150	
		腻子	15g/kg	
	溶剂型外墙涂料	色漆	680	
		清漆	700	
		闪光漆	760	
GB 24410—2009 室内装饰装修材料水性木器涂料中有害物质限量	水性木器涂料	涂料	300	—
		腻子	60g/kg	
GB 18581—2009 室内装饰装修材料溶剂型木器涂料中有害物质限量	聚氨酯类涂料	面漆，光泽（60°）≥80	580	GB 18581—2001
		面漆，光泽（60°）<80	670	
		底漆	670	
	硝基类涂料		720	
	醇酸类涂料		500	
	腻子		550	
GB 24613—2009 玩具用涂料中有害物质限量	玩具用涂料		720	—
HG/T 3950—2007 抗菌涂料	溶剂型木器抗菌涂料	硝基漆类	750	—
		聚氨酯类涂料，光泽（60°）≥80	600	
		聚氨酯类涂料，光泽（60°）<80	700	

表 3-10　欧盟涂料产品法规与标准中 VOC 限量要求

法规/标准名称	产品类别		VOC 限量值 g/L	历史版本
2004/42/CE，油漆指令	室内哑光墙体及顶棚涂料（60° 光泽<25）	水性 溶剂型	30 30	1999/13/EC

表 3-10（续）

法规/标准名称	产品类别		VOC 限量值 g/L	历史版本
2004/42/CE，油漆指令	室内光泽墙体及顶棚涂料（60° 光泽>25）	水性	100	1999/13/EC
		溶剂型	100	
	矿物基质外墙涂料	水性	40	
		溶剂型	430	
	室内/外木制和金属装饰和包层油漆	水性	130	
		溶剂型	300	
	内饰/外饰清漆和染色剂，包括不透明染色剂	水性	130	
		溶剂型	400	
	室内外最小构件木材染色剂	水性	130	
		溶剂型	700	
	底漆	水性	30	
		溶剂型	350	
	粘合型底漆	水性	30	
		溶剂型	750	
	单组份高性能涂料	水性	140	
		溶剂型	500	
	双组份反应性特殊用途涂料，如地板漆	水性	140	
		溶剂型	500	
	多彩涂料	水性	100	
		溶剂型	100	
	装饰效果涂料	水性	200	
		溶剂型	200	
2014/312/EC，室内和室外用色漆和清漆生态标准	室内亚光墙体及顶棚涂料（60° 光泽<25）		10	2009/544/EC，室内用色漆和清漆生态标准；2009/543/EC，室外用色漆和清漆生态标准
	室内光泽墙体及顶棚涂料（60° 光泽>25）		40	
	室外矿物质基质墙面涂料		25	
	木质和金属件装饰和保护性色漆（包括底漆）		80	
	室内装饰性清漆和木材着色剂，包括不透明的木材着色剂		65	
	室外装饰性清漆和木材着色剂，包括不透明的木材着色剂		75	

表 3-10（续）

法规/标准名称	产品类别	VOC 限量值 g/L	历史版本
2014/312/EC，室内和室外用色漆和清漆生态标准	室内及室外最小构造木材着色剂	50	2009/544/EC，室内用色漆和清漆生态标准；2009/543/EC，室外用色漆和清漆生态标准
	底漆	15	
	粘合性底漆	15	
	单组分功能涂料	80	
	双组分反应的功能涂料（如地坪专用漆）	80	
	装饰性效果涂料	80	
	防锈涂料	80	

表 3-11 美国涂料产品法规与标准中 VOC 限量要求

法规/标准名称	产品类别		VOC 限量值 g/L
加州南海岸空气质量管理区（SCAQMD）法规 1143，《加州涂料稀释剂和多种用途溶剂的 VOC 限量规定》	涂料稀释剂和多种用途溶剂		25
40 CFR Part 59 Subpart D，建筑涂料挥发性有机化合物释放	天线涂料		450
	防涂鸦涂料		600
	防黏连剂		600
	墙粉重涂剂		470
	黑板书写涂料		450
	混凝土保护涂料		780
	转化型清漆		725
	干雾涂料		400
	极高耐久性涂料		800
	防火涂料	清漆	850
		不透明漆	450
	平光涂料	外用	250
		内用	250
	地坪涂料		400
	流涂涂料		650
	绘图标记涂料		500
	热反应涂料		420
	耐高温涂料		650

表 3-11（续）

<table>
<tr><th>法规/标准名称</th><th colspan="2">产品类别</th><th>VOC 限量值 g/L</th></tr>
<tr><td rowspan="25">40 CFR Part 59 Subpart D，建筑涂料挥发性有机化合物释放</td><td colspan="2">水下抗冲击涂料</td><td>780</td></tr>
<tr><td colspan="2">工业维护涂料</td><td>450</td></tr>
<tr><td colspan="2">挥发性漆</td><td>680</td></tr>
<tr><td colspan="2">镁矿水泥涂料</td><td>600</td></tr>
<tr><td colspan="2">厚浆遮纹涂料</td><td>300</td></tr>
<tr><td colspan="2">金属闪光涂料</td><td>500</td></tr>
<tr><td colspan="2">多彩涂料</td><td>580</td></tr>
<tr><td colspan="2">非铁金属增光油漆</td><td>870</td></tr>
<tr><td rowspan="2">非平光涂料</td><td>外用</td><td>380</td></tr>
<tr><td>内用</td><td>380</td></tr>
<tr><td colspan="2">防核辐射涂料</td><td>450</td></tr>
<tr><td colspan="2">预处理洗涤底漆</td><td>700</td></tr>
<tr><td colspan="2">底漆和中间涂料</td><td>350</td></tr>
<tr><td colspan="2">快干涂料</td><td>450</td></tr>
<tr><td colspan="2">热塑性维修涂料</td><td>650</td></tr>
<tr><td colspan="2">屋面涂料</td><td>250</td></tr>
<tr><td colspan="2">防锈涂料</td><td>400</td></tr>
<tr><td rowspan="3">着色剂</td><td>透明与半透明</td><td>550</td></tr>
<tr><td>不透明</td><td>350</td></tr>
<tr><td>低固体</td><td>120</td></tr>
<tr><td colspan="2">游泳池涂料</td><td>600</td></tr>
<tr><td colspan="2">热塑性橡胶涂料与厚浆涂料</td><td>550</td></tr>
<tr><td colspan="2">道路标记涂料</td><td>150</td></tr>
<tr><td colspan="2">清漆</td><td>450</td></tr>
<tr><td colspan="2">区域标志涂料</td><td>450</td></tr>
<tr><td>气溶胶涂料的挥发性有机化合物排放</td><td colspan="2">气溶胶涂料</td><td>鼓励减少使用反应性 VOC 成分，规定各类涂料的 VOC 光化学反应限值</td></tr>
<tr><td rowspan="3">罗得岛州防治大气污染条例 No.33</td><td colspan="2">哑光涂料</td><td>100</td></tr>
<tr><td colspan="2">非哑光涂料</td><td>150</td></tr>
<tr><td colspan="2">非哑光—高光涂料</td><td>250</td></tr>
</table>

表 3-11（续）

法规/标准名称	产品类别	VOC 限量值 g/L
罗得岛州防治大气污染条例 No.33	特殊涂料	
	天线涂料	530
	防污涂料	400
	沥青屋顶涂料	300
	沥青屋顶底漆	350
	防粘结材料	350
	重新粉刷用灰浆	475
	木器清漆 • 手刷清漆 • 清漆（包括清漆打磨填孔料） • 打磨填孔料（清漆打磨填孔料之外的） • 清漆 • 转化型清漆	 680 550 350 350 725
	混凝土养护混合料	350
	混凝土表面缓凝剂	780
	干雾涂料	400
	人造涂饰涂料	350
	防火涂料	350
	阻燃涂料 • 透明 • 不透明	 650 350
	地坪涂料	250
	流涂涂料	420
	平面艺术涂料（招牌用涂料）	500
	耐高温涂料	420
	水下抗冲击涂料	780
	工业维护用涂料	340
	低固含量涂料	120
	菱镁土水泥涂料	450
	厚浆遮纹涂料	300
	金属光泽涂料	500
	多彩漆	250
	核电涂料	450

表 3-11（续）

法规/标准名称	产品类别	VOC 限量值 g/L
罗得岛州防治大气污染条例 No.33	预处理浊洗底漆	420
	底漆、封固底剂和中层底漆	200
	快干磁漆	250
	快干底漆、封固底剂和中层底漆	200
	再造涂料	250
	屋顶涂料	250
	防锈漆	400
	虫胶： • 透明 • 不透明	 730 550
	专业底漆、封固底剂和中层底漆	350
	染色剂	250
	泳池涂料	340
	泳池修复和维护涂料	340
	温度安全指示涂料	550
	热塑橡胶涂料和胶粘剂	550
	交通标线涂料	150
	防水密封剂	250
	防水混凝土/砌块封闭剂	400
	木材防护剂	350
GS-11 油漆涂料绿色标识环境标准	平光涂料	50
	非平光涂料、底漆、中涂、地面涂料	100
	防锈涂料	250
	墙面反光涂料	50
	屋顶反光涂料	100

经过对比表中各标准法规的 VOC 限量，得到以下几点结论：

（1）我国标准中 VOC 限量比国际上要求宽泛，主要是我国涂料市场中溶剂型涂料比重大造成的。

（2）我国进口涂料检验监督管理办法中的水性及溶剂型涂料要求要宽泛于我国其他涂料主要相关标准。

（3）建筑墙体涂料方面，我国涂料产品的 VOC 限值要低于美国要求的限量（250g/L）；与欧盟相比，我国标准对建筑涂料和木器涂料中 VOC 的限量相对宽松。建筑涂料方面，我国溶剂型建筑涂料中 VOC 限量均高于欧盟的限量要求。

（4）木器涂料方面，我国 GB 18581—2009 中要求的各类溶剂型木器涂料中 VOC 的限量均严于美国的要求。与欧盟相比，我国对木器涂料中挥发性有机化合物的限量相对较宽松，远低于欧盟的限量要求。

（5）环境标志产品方面，我国 HJ 2537—2014《环境标志产品技术要求水性涂料》中规定的各种水性涂料中 VOC 限量值在 50～100 之间，而欧盟生态标准中 VOC 限量控制在 10g/L～80g/L 之间；美国环境标准中 VOC 的限量在 50g/L～250g/L 之间，与欧美的差距并不十分明显。

4.2.2 可溶性重金属要求比对

目前国际上对重金属要求最严格的是玩具用漆标准，美国玩具漆安全标准 ASTM F963-2011，列出了玩具可容纳的最高容许量（现有其他应用，如油墨、铅笔漆）。重金属分析：可溶性重金属。我国的 GB 24613—2009 中重金属要求与美国标准完全一致，见表 3-12。

欧洲玩具安全标准 EN 71-3—2013 修订后，将玩具材料分为三类（包括：第一类：干燥、脆、粉末或柔软的材料；第二类：液体或粘稠物料；第三类：材料涂层）测定的迁移元素种类也多于美国和中国，有些指标相对较严格。

表 3-12 国内外可溶性重金属限量的标准及要求

标准编号	锑 Sb	砷 As	钡 Ba	镉 Cd	铬 Cr	铬 Cr^{6+}	铅 Pb	汞 Hg	硒 Se
ASTM F963—2011	60	25	1000	75	60	—	90	60	500
GB 24613—2009	60	25	1000	75	60	—	90	60	500

4.3 建议

通过对欧盟、美国和中国涂料产品相关技术法规的对比研究，发现我国涂料产品安全性法规和标准的总体发展方向与世界涂料产业安全发展方向相一致，但是发展进程与国外相比仍有很多差距。对我国涂料产品标准提出如下建议：

（1）推进 VOC 限量过程中，涂料技术创新必须与涂装技术的创新协同发展。

在降低 VOC 限量的较量中，立法人、涂料生产商、涂装和承包商以及用户的价值取向和技术经济考量不同，世界不同国家和地区经济发展水平和立法体系不同，因而决定了在相当长的时期内，不同国家的 VOC 限量存在差别。即便是美国，环保署的限量要求与各州也存有差别。然而，在推进 VOC 限量过程中最重要的是涂料技术创新必须与涂装技术的创新协同发展。立法人员从防止地球变暖、保护大气层和环境的人类生存的根本需求立法，涂料供应商应考虑如何以适当的性能/价格比满足用户对涂层保护、装饰、功能的需求，而涂装工程更注重劳动生产率和涂装成本。低 VOC 涂料包括水性、高固体分或无溶剂、辐射固化、粉末涂料等对涂装工艺和设备有更高的要求，必将增大投入和成本。这注定了不同工业领域必须选择技术经济最优的解决方案，而且是不断推进的发展过程。

（2）进一步规范涂料产品环保要求，严格限制 VOC 的排放。

进一步明确在涂料中不得添加的有害物质，对家具、室内装修、汽车等所有的应用到涂料的行业进行规范，对其排放的 VOC 设置严格的限量标准，将行业区域细化。严格限制溶剂型涂料的使用，降低其在工业及民用涂料总量中的比重。

根据我国目前技术水平，适当考虑借鉴美国 VOC 控制由原先的质量控制向控制反应性成分转变的思路，在控制 VOC 总量的情况下，减少臭氧的生成。

（3）引导涂料行业可持续发展，积极推行环境友好型涂料。

引导涂料行业可持续发展，积极推行环境友好型涂料产业的普及和政策扶持，严禁使用高毒性有害物质，采用低毒或无毒溶剂替代苯、甲醛、乙二醇醚及酯类溶剂等高毒物质，发展寻求 VOC 含量不断降低直至为零的涂料，如水性涂料。

（4）构建完善的油漆涂料标准体系，逐步提高安全性指标要求。

加快油漆涂料相关标准的制、修订，加快现有的油漆涂料标准的清理，对老的不合适的标准及时予以废止或修订，构建完善的油漆涂料标准体系；逐步提高标准中苯系物的限量要求，增加“挥发性芳香烃化合物”指标，加快与国外先进标准接轨，并积极跟踪国内外新技术、新产品的开发研制，及时开展相关标准化工作，为新产品制定合理的控制标准。

（5）进一步推进低毒、无毒颜料，减少重金属的污染源。

进一步推进低毒、无毒颜料，减少重金属的污染源。涂料中另外一个重要的污染源就是有毒的颜料，重金属污染主要由颜料带入，这些颜料在涂料成膜后会随涂料的粉化，被人体吸入，造成很大的危害。因此，应逐步减少和禁止使用这些颜料，多用低毒的金属氧化物颜料和无毒的颜料。

第4章 结论建议

1 我国涂料安全标准和法规与国外标准和法规的差异

我国涂料产品安全标准和法规中涉及产品标准24项，其中有12项强制性标准、10推荐性标准和2项环境标志类标准，另外还有涵盖面较全的有害物质含量系列测试方法标准29项，而我们本次研究收集到的国外标准和法规共计90项，其中34项为产品安全标准和法规，另外56项是各个国家和ISO的有害物质含量测试方法标准。在产品安全标准和法规中，大部分是国家或地区的指令和法规，需要强制执行，也有一部分是自愿性的环境认证类标准，这些标准可自愿执行，通过认证的产品授予环保标志。通过比较可得出以下结论：

（1）对于安全测试方法标准，其他国家的标准基本都是等同采用国际标准的标准，很少有其他新的标准。而我国，除ISO最近制定的有关防污漆中生物毒料释放速率的测定的系列标准未转化，其他的基本均已转化；另外我国还根据行业上对有害物质控制的需要，自行制定了一些标准，如苯系物、卤代烃、游离甲醛、滴滴涕（DDT）、邻苯二甲酸酯、烷基酚聚氧乙烯醚等；另外考虑到最近行业上对船舶涂料或其他涂料中石棉、多氯联苯、多环芳烃、有机锡等危害的认识，正在着手制定或申报这些标准制定计划；随着现代仪器技术的发展和分析手段的提高，也在考虑制定高效液相色谱法测甲醛的方法，在这些方面，我们还是走在国际的前列。

（2）国内制定的涂料有害物质限量标准大多针对具体的品种，设置的项目较国外全面，有强制性的、推荐性的或环境标志类标准，它们之间有时会有交叉和重叠。国外的标准或法规大多从某一方面进行控制，如涉及VOC的美国国家标准或欧盟指令等，在一个标准中涵盖很多的涂料品种；而国外的环境标志类标准也大多未细化到小的品种，是从整个大的涂料领域考虑，如澳大利亚的环境友好标志标准——色漆和涂料、日本第126类生态标志产品——涂料、德国的蓝天使标准RAL-UZ102低排放墙面漆、中国香港GL-008-010涂料环境标准等，且设置的要求较高，获得这类标志有一定的难度，两者之间各有优劣。

（3）由于我国制定有害物质限量标准的产品类别仅有19种，且还包括了推荐性标准和环境标志标准，而美国或欧盟仅一个控制VOC的国家标准或指令中就几乎涵盖了所有的涂料品种，涉及面较广；从环保角度考虑，建议增加这类标准的制定，或制定一个仅涉及VOC项目而涵盖的涂料领域更广的标准。

（4）2002年欧盟就开始实施RoHS指令，限制电子电气设备中的重金属和阻燃剂多溴联苯和多溴联苯醚，当然也包括电子电气设备用涂层，我国目前对电子电气设备用涂料还没有规定有害物质限量的标准，这一类产品涉及的面也很广，企业出口时会参照

RoHS 标准进行检测；但是不出口的产品同样也会对国内环境造成污染。

（5）欧盟出台了不少针对具体有害物质的指令，如全氟辛烷磺酸盐指令、邻苯二甲酸酯指令、镍释放指令、镉指令、有害偶氮染料指令等，对于这些要求，我们大部分涂料未实施，今后应加大这方面的研究，了解涂料产品中是否可能含有这些物质而加以限制。

（6）有些涂料产品安全的指标，考虑到涂料产品的现有情况以及某些溶剂的可替代性，设置的指标值过大，如溶剂型涂料的 VOC、苯系物，这样国内的标准企业相对容易通过，而国外的环保标准或指令等要求相对更严。

2 标准体系的建立和完善，增加有害物质标准制修订项目

通过与国外安全标准和法规进行比较发现，我国有我国的优势之处，但也存在许多不足，需要在今后的标准化工作中不断完善，特别是标准体系的建设方面，根据比较结果，提出 6 条改进建议，分别是：

（1）制定一项涉及涂料品种更多、涉及面更广的专门控制涂料 VOC 含量的标准，以限制涂料整体对环境污染和人类健康的影响；

（2）目前我国仅对 11 个品种的涂料产品控制有害物质含量，而这些品种仅占整个涂料产品的一部分，因此有必要增加限制有害物质含量的涂料产品品种；

（3）对电子电气设备用涂料制定有害物质限量标准，以减少废旧电子电气设备对环境的污染；

（4）对适用的涂料品种控制全氟辛烷磺酸盐、邻苯二甲酸酯类等新发现的有害物质的含量；

（5）对于环境标志标准指标应加严，真正达到引导行业涂料技术向环保方向发展；

（6）加快已申报计划的石棉、多氯联苯、多环芳烃、有机锡、高效液相色谱法测定甲醛等有害物质测试方法标准的制定。

根据上述建议和比对结果，提出了“十三五”期间拟完成的 21 项安全标准制修订项目计划，其中产品安全标准 4 项、安全方法标准 17 项，具体见表 4-1。

表 4-1

序号	标准项目	制修订	年度		标准类型	标准级别
			申报	完成		
1	室内装饰装修材料内墙涂料中有害物质限量	修订	2015 年	2017 年	国标	产品（安全）
2	儿童房装饰用内墙涂料	制定	2015 年	2017 年	国标	产品
3	涂料中多环芳烃的测定	制定	2015 年	2017 年	国标	方法

表 4-1（续）

序号	标准项目	制修订	年度		标准类型	标准级别
			申报	完成		
4	涂料中多氯联苯的测定	制定	2015 年	2017 年	国标	方法
5	涂料中有机锡含量的测定 气质联用法	制定	2015 年	2017 年	国标	方法
6	水性涂料中甲醛含量的测定 高效液相色谱法	制定	2015 年	2016 年	国标	方法
7	辐射固化涂料中挥发性有机化合物含量（VOC）的测定	制定	2015 年	2016 年	国标	方法
8	含有活性稀释剂的涂料中挥发性有机化合物（VOC）含量的测定	制定	2015 年	2016 年	国标	方法
9	涂料中杀生物剂含量的测定 高效液相色谱串联质谱法	制定	2016 年	2017 年	国标	方法
10	涂料中全氟辛酸及其盐的测定 高效液相色谱串联质谱法	制定	2016 年	2017 年	国标	方法
11	涂料中全氟辛烷磺酸及其盐的测定 高效液相色谱串联质谱法	制定	2016 年	2018 年	国标	方法
12	涂料中消耗臭氧层物质的测定 顶空-气质联用法	制定	2016 年	2018 年	国标	方法
13	涂料中氯化石蜡的测定 气相色谱法》	制定	2016 年	2018 年	国标	方法
14	《涂料中多氯化萘的测定 气相色谱法	制定	2016 年	2018 年	国标	方法
15	汽车涂料中有害物质限量	修订	2016 年	2018 年	国标	产品（安全）
16	涂料中六溴环十二烷的测定 气相色谱法	制定	2017 年	2019 年	国标	方法
17	涂料中六溴环十二烷的测定 气质联用法	制定	2017 年	2019 年	国标	方法

表 4-1（续）

序号	标准项目	制修订	年度		标准类型	标准级别
			申报	完成		
18	涂料中氟元素含量的测定 离子色谱法	制定	2017 年	2019 年	国标	方法
19	涂料中氯元素含量的测定 离子色谱法	制定	2017 年	2019 年	国标	方法
20	涂料中溴元素含量的测定 离子色谱法	制定	2017 年	2019 年	国标	方法
21	电器及电子产品装饰用涂料中有害物质限量	制定	2017 年	2019 年	国标	产品（安全）

3 推动标准互认工作，促进双边贸易

英国和法国是与我国建立了标准互认关系的国家，此次标准比对，发现英国和法国测试有害物质限量的标准由于都是等同采用了国际标准的，且部分标准我国也已采标，可实现下列 19 项标准互认，分别是英国 10 项、法国 9 项。由于英国和法国均属欧盟国家，其环保法规主要采用欧盟指令和环境标志标准。

3.1 英国标准

（1）BS EN ISO 10283：2007 色漆和清漆用漆基 异氰酸酯树脂中二异氰酸酯单体的测定

（2）BS EN ISO 15181-1：2007 色漆和清漆——防污漆中生物毒料释放速率的测定——第 1 部分：生物毒料萃取的通用方法

（3）BS EN ISO 15181-3：2007 色漆和清漆—防污漆中生物毒料释放速率的测定——第 3 部分：通过测定萃取液中乙撑硫脲的浓度来计算乙撑双氨荒酸锌（代森锌）的释放速率

（4）BS EN ISO 15181-4：2008 色漆和清漆—防污漆中生物毒料释放速率的测定——第 4 部分：萃取液中吡啶三苯基硼（PTPB）浓度的测定和释放速率的计算

（5）BS EN ISO 15181-5：2008 色漆和清漆—防污漆中生物毒料释放速率的测定——第 5 部分：通过测定萃取液中 DMST 和 DMSA 的浓度来计算甲苯氟磺胺和苯氟磺胺的释放速率

（6）BS EN ISO 15181-6：2014 色漆和清漆—防污漆中生物毒料释放速率的测定——第 6 部分：通过测定萃取液中降解物的浓度来计算溴代吡咯腈的释放速率

（7）BS EN ISO 17895—2005 色漆和清漆 低 VOC 乳胶漆中挥发性有机化合物（罐内 VOC）含量的测定

（8）BS EN ISO 11890-1：2007 色漆和清漆 挥发性有机化合物（VOC）含量的测定 第 1 部分：差值法

（9）BS EN ISO 11890-2：2013 色漆和清漆 挥发性有机化合物（VOC）含量的测定 第 2 部分：气相色谱法

（10）BS EN ISO 15181-2：2007 色漆和清漆——防污漆中生物毒料释放速率的测定——第 2 部分：萃取液中铜离子浓度的测定和释放速率的计算

3.2 法国标准

（1）NF EN ISO 10283：2007 色漆和清漆用漆基 异氰酸酯树脂中二异氰酸酯单体的测定

（2） NF EN ISO 15181-1：2007 色漆和清漆——防污漆中生物毒料释放速率的测定——第 1 部分：生物毒料萃取的通用方法

（3）NF EN ISO 15181-3：2007 色漆和清漆—防污漆中生物毒料释放速率的测定——第 3 部分：通过测定萃取液中乙撑硫脲的浓度来计算乙撑双氨荒酸锌（代森锌）的释放速率

（4）NF EN ISO 15181-4：2008 色漆和清漆—防污漆中生物毒料释放速率的测定——第 4 部分：萃取液中吡啶三苯基硼（PTPB）浓度的测定和释放速率的计算

（5）NF EN ISO 15181-5：2008 色漆和清漆—防污漆中生物毒料释放速率的测定——第 5 部分：通过测定萃取液中 DMST 和 DMSA 的浓度来计算甲苯氟磺胺和苯氟磺胺的释放速率

（6）NF EN ISO 17895—2006 色漆和清漆 低 VOC 乳胶漆中挥发性有机化合物（罐内 VOC）含量的测定

（7）NF EN ISO 11890-1：2007 色漆和清漆 挥发性有机化合物（VOC）含量的测定 第 1 部分：差值法

（8）NF EN ISO 11890-2：2013 色漆和清漆 挥发性有机化合物（VOC）含量的测定 第 2 部分：气相色谱法

（9）NF EN ISO 15181-2：2007 色漆和清漆——防污漆中生物毒料释放速率的测定——第 2 部分：萃取液中铜离子浓度的测定和释放速率的计算

附件

附表1　国家标准信息采集表（产品标准）

国家标准名称	标准编号	安全指标中文名称	安全指标英文名称	安全指标单位	适用产品类别（大类）	适用的具体产品名称（小类）	国家标准对应的国际、国外标准（名称、编号）	安全指标对应的检测方法标准（名称、编号）	检测方法标准对应的国际、国外标准（名称、编号）
室内装饰装修材料溶剂型木器涂料中有害物质限量	GB 18581—2009	挥发性有机化合物（VOC）含量	Volatile Organic Compound(VOC) content	g/L	室内装饰装修材料溶剂型木器涂料	溶剂型木器涂料（硝基类涂料）	—	GB 18581—2009 附录A 挥发性有机化合物（VOC）含量的测定	ISO 11890-1: 2007 色漆和清漆——挥发性有机化合物（VOC）含量的测定——第1部分：差值法
						溶剂型木器涂料（聚氨酯类涂料）（面漆）			
						溶剂型木器涂料（聚氨酯类涂料）（底漆）			
						溶剂型木器涂料（醇酸类涂料）			
						溶剂型木器涂料（腻子）			
		卤代烃含量	halohydrocarbon	%		溶剂型木器涂料（硝基类涂料、聚氨酯类涂料、醇酸类涂料、腻子）		GB 18581—2009附录C卤代烃含量的测定	—
		苯含量	Benzene content	%		溶剂型木器涂料（硝基类涂料、聚氨酯类涂料、醇酸类涂料、腻子）		GB 18581—2009附录B苯、甲苯、乙苯、二甲苯和甲醇含量的测定	—
		甲醇含量	Methanol content	%		溶剂型木器涂料（硝基类涂料、硝基类腻子）			

附表1（续）

国家标准名称	标准编号	安全指标中文名称	安全指标英文名称	安全指标单位	适用产品类别（大类）	适用的具体产品名称（小类）	国家标准对应的国际、国外标准（名称、编号）	安全指标对应的检测方法标准（名称、编号）	检测方法标准对应的国际、国外标准（名称、编号）
室内装饰装修材料溶剂型木器涂料中有害物质限量	GB 18581—2009	甲苯、二甲苯、乙苯含量总和	Total of toluene,ethyl benzene and xylene	%		溶剂型木器涂料（硝基类涂料、聚氨酯类涂料、醇酸类涂料、腻子）		GB 18581—2009附录B苯、甲苯、乙苯、二甲苯和甲醇含量的测定	—
		游离二异氰酸酯（TDI和HDI）含量总和	Total of free diisocyanates (TDI and HDI)	%		溶剂型木器涂料（聚氨酯类涂料）		GB/T18446—2009色漆和清漆用漆基 异氰酸酯树脂中二异氰酸酯单体的测定	ISO 10283：2007 色漆和清漆用漆基异氰酸酯树脂中二异氰酸酯单体的测定
		可溶性重金属含量（Pb、Cd、Cr、Hg）	Soluble heavy metal content(Pb、Cd、Cr、Hg)	mg/kg		色漆、腻子和醇酸清漆	—	GB18582—2008 附录D 可溶性铅、镉、铬、汞元素含量的测定	—
室内装饰装修材料内墙涂料中有害物质限量	GB 18582—2008	挥发性有机化合物含量（VOC）	Volatile Organic compound content(VOC)	g/L	室内装饰装修材料内墙涂料	内墙涂料（水性墙面涂料）	—	GB 18582—2008附录A 挥发性有机化合物及苯、甲苯、乙苯和二甲苯总和含量的测试气相色谱法；附录B水分含量的测试	ISO 11890-2:2013 色漆和清漆——挥发性有机化合物（VOC）含量的测定——第2部分：气相色谱法
				g/kg		内墙涂料（水性墙面腻子）			
		苯、甲苯、乙苯和二甲苯总和	Total of benzene, toluene, ethyl benzene and xylene	mg/kg		内墙涂料（水性墙面涂料、水性墙面腻子）		GB 18582—2008附录A 挥发性有机化合物及苯、甲苯、乙苯和二甲苯总和含量的测试 气相色谱法	

附表1（续）

国家标准名称	标准编号	安全指标中文名称	安全指标英文名称	安全指标单位	适用产品类别（大类）	适用的具体产品名称（小类）	国家标准对应的国际、国外标准（名称、编号）	安全指标对应的检测方法标准（名称、编号）	检测方法标准对应的国际、国外标准（名称、编号）
		游离甲醛	Free Formaldehyde	mg/kg		内墙涂料（水性墙面涂料、水性墙面腻子）		GB 18582—2008附录C游离甲醛含量的测定	—
		可溶性重金属（Pb、Cd、Cr、Hg）	Soluble heavy metal (Pb、Cd、Cr、Hg)	mg/kg		水性墙面涂料和腻子		GB18582—2008 附录D 可溶性铅、镉、铬、汞元素含量的测定	—
建筑涂料用乳液	GB/T 20623—2006	挥发性有机化合物的含量	Volatile Organic compound content	g/L	建筑涂料用乳液	内墙涂料用乳液	—	GB18582—2001中附录A挥发性有机化合物的测定	ISO 11890-1:2007 色漆和清漆——挥发性有机化合物（VOC）含量的测定——第1部分：差值法
		残余单体总和	Total of residual monomers	%		建筑涂料用乳液	—	GB/T 20623—2006中附录A残余单体总和的测定	—
		游离甲醛的质量分数	Free Formaldehyde	g/kg		内墙涂料用乳液	—	GB18582—2001中附录B游离甲醛的测定	—
铅笔涂层中可溶性元素最大限量	GB 8771—2007	锑Sb	Antimony Sb	mg/kg	铅笔涂层	铅笔涂层	—	GB 6675—2003中附录C 特定元素的迁移	ISO 8124-3:1997玩具安全——第3部分：特定元素的迁移
		砷As	Arsenic As						
		钡Ba	Barium Ba						
		镉Cd	Cadmium Cd						
		铬Cr	Chromium Cr						
		铅Pb	Lead Pb						

附表1（续）

国家标准名称	标准编号	安全指标中文名称	安全指标英文名称	安全指标单位	适用产品类别（大类）	适用的具体产品名称（小类）	国家标准对应的国际、国外标准（名称、编号）	安全指标对应的检测方法标准（名称、编号）	检测方法标准对应的国际、国外标准（名称、编号）
		汞Hg	Mercury Hg						
		硒Se	Selenium Se						
建筑用外墙涂料中有害物质限量	GB 24408—2009	挥发性有机化合物（VOC）含量	Volatile Organic Compound(VOC) content	g/L	建筑用外墙涂料	溶剂型外墙涂料（包括底漆和面漆）（色漆、清漆、闪光漆）	—	GB24408—2009中附录C溶剂型外墙涂料中挥发性有机化合物含量（VOC）的测试	ISO 11890-1:2007色漆和清漆——挥发性有机化合物（VOC）含量的测定——第1部分：差值法
				g/L		水性外墙涂料（底漆） 水性外墙涂料（面漆）		GB24408—2009中附录A水性外墙涂料中挥发性有机化合物、乙二醇醚及醚酯总和含量的测试——气相色谱法、附录B水分含量的测试	ISO 11890-2:2013色漆和清漆——挥发性有机化合物（VOC）含量的测定——第2部分：气相色谱法
				g/kg		水性外墙涂料（腻子）			
		苯含量	Benzene content	%		溶剂型外墙涂料（包括底漆和面漆）（色漆、清漆、闪光漆）		GB24408—2009中附录D溶剂型外墙涂料中苯、甲苯、乙苯、二甲苯、乙二醇醚及醚酯的测试——气相色谱分析法	—
		甲苯、乙苯和二甲苯含量总和	Total of toluene ethyl benzene and xylene	%					
		游离甲醛含量	Free Formaldehyde content	mg/kg		水性外墙涂料（底漆、面漆、腻子）		GB23993—2009水性涂料中甲醛的测定 乙酰丙酮分光光度法	—

附表1（续）

国家标准名称	标准编号	安全指标中文名称	安全指标英文名称	安全指标单位	适用产品类别（大类）	适用的具体产品名称（小类）	国家标准对应的国际、国外标准（名称、编号）	安全指标对应的检测方法标准（名称、编号）	检测方法标准对应的国际、国外标准（名称、编号）
建筑用外墙涂料中有害物质限量	GB 24408—2009	游离二异氰酸酯（TDI和HDI）含量总和	Total of free diisocyanates (TDI and HDI)	%		溶剂型外墙涂料（包括底漆和面漆）（限以异氰酸酯作为固化剂的溶剂型外墙涂料）		GB/T18446—2009色漆和清漆用漆基 异氰酸酯树脂中二异氰酸酯单体的测定	ISO 10283：2007 色漆和清漆用漆基 异氰酸酯树脂中二异氰酸酯单体的测定
		乙二醇醚及醚酯含量总和（限乙二醇甲醚、乙二醇甲醚醋酸酯、乙二醇乙醚、乙二醇乙醚醋酸酯、二乙二醇丁醚醋酸酯）	Total of ethylene glycol ethers and ether esters(only ethylene glycol monomethyl ether, ethylene glycol monomethyl ether acetate, ethylene glycol ethyl ether, ethylene glycol monoethyl ether acetate, diethylene glycol monobutyl ether acetate were limited)	%	建筑用外墙涂料	溶剂型外墙涂料（包括底漆和面漆）（色漆、清漆、闪光漆）水性外墙涂料（底漆、面漆、腻子）	—	GB24408—2009中附录A水性外墙涂料中挥发性有机化合物、乙二醇醚及醚酯总和含量的测试——气相色谱法、附录D溶剂型外墙涂料中苯、甲苯、乙苯、二甲苯、乙二醇醚及醚酯的测试——气相色谱分析法	—
		重金属含量 铅（Pb）	Content of heavy metal Soluble Lead(Pb)	mg/kg		溶剂型外墙涂料和水性外墙涂料（限色漆和腻子）		GB 24408—2009中附录E外墙涂料中铅、镉、汞含量的测试；附录F外墙涂料中六价铬含量的测试	—
		镉（Cd）	Soluble Cadmium(Cd)						
		六价铬（Cr^{6+}）	Soluble hexavalent Chromium(Cr^{6+})						
		汞（Hg）	Soluble Mercury(Hg)						

附表1（续）

国家标准名称	标准编号	安全指标中文名称	安全指标英文名称	安全指标单位	适用产品类别（大类）	适用的具体产品名称（小类）	国家标准对应的国际、国外标准（名称、编号）	安全指标对应的检测方法标准（名称、编号）	检测方法标准对应的国际、国外标准（名称、编号）
汽车涂料中有害物质限量	GB 24409—2009	挥发性有机化合物（VOC）含量	Volatile Organic Compound (VOC)content	g/L	汽车涂料	溶剂型涂料热塑型底漆、中涂、底色漆效应颜料漆、实色漆、罩光清漆和本色面漆	—	GB24409—2009中附录A挥发性有机化合物（VOC）含量的测试	ISO 11890-1:2007 色漆和清漆——挥发性有机化合物（VOC）含量的测定——第1部分：差值法
						溶剂型涂料（单组分交联型）（底漆、中涂、底色漆（效应颜料漆、实色漆）、罩光清漆、本色面漆）			
						溶剂型涂料（双组分交联型）（底漆、中涂、底色漆（效应颜料漆、实色漆）、罩光清漆、本色面漆）			
		苯含量	Benzene content	%	汽车涂料	溶剂型涂料（热塑型）（单组分交联型）（双组分交联型）（底漆、中涂、底色漆（效应颜料漆、实色漆）、罩光清漆和本色面漆）	—	GB24409—2009中附录B溶剂型涂料中苯、甲苯、乙苯、二甲苯、乙二醇醚及醚酯的测试——气相色谱分析法	—
		甲苯、乙苯和二甲苯总量	Total of toluene ethyl benzene and xylene	%					
		乙二醇甲醚、乙二醇甲醚醋酸酯、乙二醇乙醚、乙二醇乙醚醋酸酯、二乙	ethylene glycol monomethyl ether, ethylene glycol monomethyl ether acetate, ethylene	%		溶剂型涂料（热塑型）（单组分交联型）（双组分交联型）（底漆、中涂、		GB24409—2009中附录C水性涂料中乙二醇醚及醚酯类含量的测试——气相色谱法；	—

附表1（续）

国家标准名称	标准编号	安全指标中文名称	安全指标英文名称	安全指标单位	适用产品类别（大类）	适用的具体产品名称（小类）	国家标准对应的国际、国外标准（名称、编号）	安全指标对应的检测方法标准（名称、编号）	检测方法标准对应的国际、国外标准（名称、编号）
汽车涂料中有害物质限量	GB 24409—2009	二醇丁醚醋酸酯）总量	glycol ethyl ether, ethylene glycol monoethyl ether acetate, diethylene glycol monobutyl ether acetate were limited)			底色漆（效应颜料漆、实色漆）、罩光清漆和本色面漆） 水性涂料（含电泳涂料）		附录B溶剂型涂料中苯、甲苯、乙苯、二甲苯、乙二醇醚及醚酯的测试——气相色谱分析法	
		重金属含量（限色漆） 铅（Pb）	Content of heavy metal Lead(Pb)	mg/kg		溶剂型涂料（热塑型）（单组分交联型）（双组分交联型）（底漆、中涂、底色漆（效应颜料漆、实色漆）、本色面漆、水性涂料（含电泳涂料）、粉末、光固化涂料	—	GB 24409—2009中附录D铅、镉、汞含量的测试；附录E六价铬含量的测试	—
		镉（Cd）	Cadmium(Cd)						
		六价铬（Cr^{6+}）	Hexavalent Chromium(Cr^{6+})						
		汞（Hg）	Mercury(Hg)						
室内装饰装修材料水性木器涂料中有害物质限量	GB 24410—2009	挥发性有机化合物含量（VOC）	Volatile Organic Compound (VOC)content	g/L	室内装饰装修材料水性木器涂料	水性木器涂料	—	GB24410—2009中附录A挥发性有机化合物、苯系物、乙二醇醚及其酯类含量的测试——气相色谱法	ISO 11890-2:2013 色漆和清漆——挥发性有机化合物（VOC）含量的测定——第2部分：气相色谱法
				g/kg		水性木器腻子			
		苯系物含量（苯、甲苯、乙苯和二甲苯总和）	Total of Benzene 、toluene ethyl benzene and xylene content	mg/kg		水性木器涂料、水性木器腻子			
		乙二醇醚及酯类含量（乙二醇甲醚、乙二醇甲醚醋酸	Total of ethylene glycol ethers and ether esters (only ethylene glycol	mg/kg					

附表1（续）

国家标准名称	标准编号	安全指标中文名称	安全指标英文名称	安全指标单位	适用产品类别（大类）	适用的具体产品名称（小类）	国家标准对应的国际、国外标准（名称、编号）	安全指标对应的检测方法标准（名称、编号）	检测方法标准对应的国际、国外标准（名称、编号）
室内装饰装修材料水性木器涂料中有害物质限量	GB 24410—2009	酯、乙二醇乙醚、乙二醇乙醚醋酸酯、二乙二醇丁醚醋酸酯总和）	monomethyl ether, ethylene glycol monomethyl ether acetate, ethylene glycol ethyl ether, ethylene glycol monoethyl ether acetate, diethylene glycol monobutyl ether acetate were limited)						
		游离甲醛含量	Free Formaldehyde content	mg/kg				GB18582—2008中附录C 游离甲醛含量的测定	—
		可溶性重金属含量 铅（Pb）	Content of heavy metal Soluble Lead(Pb)	mg/kg		色漆和腻子		GB18582—2008中附录D 可溶性铅、镉、铬、汞元素含量的测定	—
		镉（Cd）	Soluble Cadmium(Cd)						
		六价铬（Cr^{6+}）	Soluble hexavalent Chromium(Cr^{6+})						
		汞（Hg）	Soluble Mercury(Hg)						
玩具用涂料中有害物质限量	GB 24613—2009	挥发性有机化合物（VOC）含量	Volatile Organic Compound content	g/L	玩具用涂料	玩具用涂料	—	GB 24613—2009中附录D挥发性有机化合物（VOC）含量的测定	ISO 11890-1:2007 色漆和清漆——挥发性有机化合物（VOC）含量的测定——第1部分：差值法

附表1（续）

国家标准名称	标准编号	安全指标中文名称	安全指标英文名称	安全指标单位	适用产品类别（大类）	适用的具体产品名称（小类）	国家标准对应的国际、国外标准（名称、编号）	安全指标对应的检测方法标准（名称、编号）	检测方法标准对应的国际、国外标准（名称、编号）
玩具用涂料中有害物质限量	GB 24613—2009	苯含量	Benzene content	%		玩具用涂料		GB 24613—2009中附录E苯、甲苯、乙苯和二甲苯含量的测定	—
		甲苯、乙苯和二甲苯含量总和	Total of toluene ethyl benzene and xylene	%		玩具用涂料			
		铅（Pb）含量	Lead(Pb)	mg/kg		玩具用涂料		GB 24613—2009中附录A铅含量的测定	—
		邻苯二甲酸酯含量：邻苯二甲酸二异辛酯（DEHP）、邻苯二甲酸二丁酯（DBP）和邻苯二甲酸丁苄酯（BBP）总和	Total of DEHP, DBP and BBP	%		玩具用涂料	2005/84/EC号欧盟指令 邻苯二甲酸酯指令	GB 24613—2009中附录C邻苯二甲酸酯类的测定——气质联用法	—
		邻苯二甲酸二异壬酯（DINP）、邻苯二甲酸二异癸酯（DIDP）和邻苯二甲酸二辛酯（DNOP）总和	Total of DINP, DIDP and DNOP	%	玩具用涂料	玩具用涂料			
		可溶性元素含量：锑Sb	Antimon Sb	mg/kg	玩具用涂料	玩具用涂料	澳大利亚含铅和其它元素的玩具和指印涂料强制性限量标准 ISO 8124-3：2010、EN 71-3：2013玩具安	GB 24613—2009中附录B可溶性元素含量的测定	
		砷As	Arsenic As						
		钡Ba	Barium Ba						
		镉Cd	Cadmium Cd						
		铬Cr	Chromium Cr						

附表1（续）

国家标准名称	标准编号	安全指标中文名称	安全指标英文名称	安全指标单位	适用产品类别（大类）	适用的具体产品名称（小类）	国家标准对应的国际、国外标准（名称、编号）	安全指标对应的检测方法标准（名称、编号）	检测方法标准对应的国际、国外标准（名称、编号）
		铅Pb	Lead Pb				全—第3部分：特定元素的迁移		
		汞Hg	Mercury Hg						
		硒Se	Selenium Se						
环境标志产品技术要求室内装饰装修用溶剂型木器涂料	HJ/T 414—2007	VOC	Volatile Organic Compound content (VOC)	g/L	室内装饰装修用溶剂型木器涂料	硝基类溶剂型涂料（面漆、底漆）	—	HJ/T 414—2007中附录A溶剂型涂料中挥发性有机化合物含量（VOC）的测定	ISO 11890-1: 2007 色漆和清漆——挥发性有机化合物（VOC）含量的测定——第1部分：差值法
						聚氨酯类溶剂型涂料（面漆、底漆）			
						醇酸类溶剂型涂料（色漆、清漆）			
		苯质量分数	Benzene content	%		硝基类溶剂型涂料（面漆、底漆）、聚氨酯类溶剂型涂料（面漆、底漆）、醇酸类溶剂型涂料（色漆、清漆）		HJ/T 414—2007中附录B涂料中甲醇、苯、甲苯、乙苯与二甲苯的测定——气相色谱分析法	—
		甲苯+二甲苯+乙苯质量分数	Total of toluene ethyl benzene and xylene	%		硝基类溶剂型涂料（面漆、底漆）			
						聚氨酯类溶剂型涂料（面漆、底漆）			
						醇酸类溶剂型涂料（色漆、清漆）			
		甲醇	Methyl alcohol	mg/kg		硝基类溶剂型涂料（面漆、底漆）			

附表1（续）

国家标准名称	标准编号	安全指标中文名称	安全指标英文名称	安全指标单位	适用产品类别（大类）	适用的具体产品名称（小类）	国家标准对应的国际、国外标准（名称、编号）	安全指标对应的检测方法标准（名称、编号）	检测方法标准对应的国际、国外标准（名称、编号）
环境标志产品技术要求室内装饰装修用溶剂型木器涂料	HJ/T 414—2007	固化剂中游离甲苯二异氰酸酯（TDI）含量	Free toluene diisocyanates(TDI)	%	室内装饰装修用溶剂型木器涂料	聚氨酯类溶剂型涂料（面漆、底漆）		GB/T18446—2001气相色谱法测定氨基甲酸酯预聚物和涂料溶液中未反应的甲苯二异氰酸酯（TDI）单体	ASTM D3432-1989气相色谱法测定氨基甲酸酯预聚物和涂料溶液中未反应的甲苯二异氰酸酯（TDI）单体
		可溶性重金属（限色漆、） 可溶性铅（Pb） 可溶性镉（Cd） 可溶性铬（Cr） 可溶性汞（Hg）	Content of heavy metal Soluble Lead(Pb) Soluble Cadmium(Cd) Soluble Chromium(Cr) Soluble Mercury(Hg)	mg/kg		溶剂型木器涂料（硝基类涂料、聚氨酯类涂料、醇酸类涂料）色漆	—	GB/T 9758.1—1988色漆和清漆——“可溶性”金属含量的测定——第1部分：铅含量的测定——火焰原子吸收光谱法和双硫腙分光光度法 GB/T 9758.4—1988色漆和清漆——“可溶性”金属含量的测定——第4部分：镉含量的测定——火焰原子吸收光谱法和极谱法 GB/T 9758.6—1988色漆和清漆——“可溶性”金属含量的测定——第6部分：色漆的液体部分中铬总含量的测定——火焰原子吸收光谱法 GB/T 9758.7—1988色漆和清漆——“可溶性”金属含量的测定——第7	ISO 3856.1-1984色漆和清漆——“可溶性”金属含量的测定——第1部分：铅含量的测定——火焰原子吸收光谱法和双硫腙分光光度法 ISO 3856.4-1984色漆和清漆——“可溶性”金属含量的测定——第4部分：镉含量的测定——火焰原子吸收光谱法和极谱法 ISO 3856.6-1984色漆和清漆——“可溶性”金属含量的测定——第6部分：色漆的液体部分中铬总含量的测

附表1（续）

国家标准名称	标准编号	安全指标中文名称	安全指标英文名称	安全指标单位	适用产品类别（大类）	适用的具体产品名称（小类）	国家标准对应的国际、国外标准（名称、编号）	安全指标对应的检测方法标准（名称、编号）	检测方法标准对应的国际、国外标准（名称、编号）
								部分：色漆的颜料部分和水稀释性色漆的液体部分中汞含量的测定——无焰原子吸收光谱法	定——火焰原子吸收光谱法 ISO 3856.7-1984色漆和清漆——“可溶性”金属含量的测定——第7部分：色漆的颜料部分和水稀释性色漆的液体部分中汞含量的测定——无焰原子吸收光谱法
环境标志产品技术要求水性涂料	HJ 2537—2014	挥发性有机化合物（VOC）	Volatile Organic Compound(VOC)	g/L	水性涂料	建筑涂料（内墙涂料（面漆、底漆）、外墙涂料）（面漆、底漆））	—	GB23986—2009色漆和清漆 挥发性有机化合物（VOC）含量的测定 气相色谱法	ISO 11890-2：2006色漆和清漆 挥发性有机化合物（VOC）含量的测定 气相色谱法
						工业涂料（集装箱涂料（底漆、中涂/面漆）、道路标线涂料、防腐涂料、汽车涂料（底漆、中涂、面漆）、木器涂料（清漆、色漆））			
				g/kg		建筑涂料（腻子）（粉状、膏状）； 工业涂料（木器涂料）（腻子）（粉状、膏状）			

附表1（续）

国家标准名称	标准编号	安全指标中文名称	安全指标英文名称	安全指标单位	适用产品类别（大类）	适用的具体产品名称（小类）	国家标准对应的国际、国外标准（名称、编号）	安全指标对应的检测方法标准（名称、编号）	检测方法标准对应的国际、国外标准（名称、编号）
环境标志产品技术要求水性涂料	HJ 2537—2014	苯、甲苯、二甲苯、乙苯的总量	Total of Benzene、toluene, xylene ethyl benzene and	mg/kg	水性涂料	建筑涂料（内墙涂料）（面漆、底漆）、外墙涂料（面漆、底漆）、（腻子）（粉状、膏状））；工业涂料（集装箱涂料）（底漆、中涂、面漆）、道路标线涂料、防腐涂料、汽车涂料）（底漆、中涂、面漆）、木器涂料）（清漆、色漆）、腻子（粉状、膏状））	—	GB 18582—2008附录A 挥发性有机化合物及苯、甲苯、乙苯和二甲苯总和含量的测定 气相色谱法	ISO 11890-2:2013 色漆和清漆——挥发性有机化合物（VOC）含量的测定——第2部分：气相色谱法
		游离甲醛	Free Formaldehyde			建筑涂料（内墙涂料（面漆、底漆）、外墙涂料（面漆、底漆）、建筑涂料（腻子）（粉状、膏状）	—	GB/T 23993—2009水性涂料中甲醛的测定 乙酰丙酮分光光度法	—
						工业涂料（集装箱涂料（底漆、中涂、面漆）、道路标线涂料、防腐涂料、木器涂料）（清漆、色漆）、木器涂料（腻子）（粉状、膏状）	—		

附表1（续）

国家标准名称	标准编号	安全指标中文名称	安全指标英文名称	安全指标单位	适用产品类别（大类）	适用的具体产品名称（小类）	国家标准对应的国际、国外标准（名称、编号）	安全指标对应的检测方法标准（名称、编号）	检测方法标准对应的国际、国外标准（名称、编号）
环境标志产品技术要求水性涂料	HJ 2537—2014	乙二醇醚及酯类的总量（乙二醇甲醚、乙二醇甲醚醋酸酯、乙二醇乙醚、乙二醇乙醚醋酸酯、二乙二醇丁醚醋酸酯）	Total of ethylene glycol ethers and ether esters (only ethylene glycol monomethyl ether, ethylene glycol monomethyl ether acetate, ethylene glycol ethyl ether, ethylene glycol monoethyl ether acetate, diethylene glycol monobutyl ether acetate were limited)	mg/kg	水性涂料	建筑涂料（外墙涂料）（面漆、底漆）；工业涂料（集装箱涂料（底漆、中涂、面漆）、道路标线涂料、防腐涂料、木器涂料）（清漆、色漆）、木器涂料（腻子）（粉状、膏状）	—	GB24409—2009中附录C水性涂料中乙二醇醚及醚酯类含量的测试——气相色谱法	—
		可溶性铅（Pb）	Soluble Lead(Pb)			建筑涂料（内墙涂料（面漆、底漆）、外墙涂料（面漆、底漆）、建筑涂料（腻子）（粉状、膏状）；工业涂料（集装箱涂料（底漆、中涂、面漆）、道路标线涂料、防腐涂料、木器涂料）（清漆、色漆）、木器涂料（腻子）（粉状、膏状）	—	GB18582—2008中附录D可溶性铅、镉、铬、汞元素含量的测定	—
		可溶性镉（Cd）	Soluble Cadmium(Cd)						
		可溶性铬（Cr）	Soluble Chromium(Cr)						
		可溶性汞（Hg）	Soluble Mercury(Hg)						
		卤代烃（以二氯甲烷计）	Halohydrocarbon (calculated by methylene chloride)			工业涂料（集装箱涂料（底漆、中涂、面漆）、道路标线涂料、	—	GB18583—2008附录E胶粘剂中卤代烃含量测定气相色谱法	—

附表1（续）

国家标准名称	标准编号	安全指标中文名称	安全指标英文名称	安全指标单位	适用产品类别（大类）	适用的具体产品名称（小类）	国家标准对应的国际、国外标准（名称、编号）	安全指标对应的检测方法标准（名称、编号）	检测方法标准对应的国际、国外标准（名称、编号）
						防腐涂料、木器涂料）（清漆、色漆）、木器涂料（腻子）（粉状、膏状）			
建筑防水涂料中有害物质限量	JC1066—2008	挥发性有机化合物（VOC）	Volatile Organic Compound(VOC)	g/L	建筑防水涂料	水性建筑防水涂料	—	JC 1066-2008中附录A挥发性有机化合物含量（VOC）的测定方法	ISO 11890-1:2007 色漆和清漆——挥发性有机化合物（VOC）含量的测定——第1部分：差值法 ISO 11890-2:2013 色漆和清漆——挥发性有机化合物（VOC）含量的测定——第2部分：气相色谱法
						溶剂型建筑防水涂料			
						反应型建筑防水涂料			
		苯、甲苯、乙苯和二甲苯总和	Total of benzene, toluene, ethyl benzene and xylene	mg/kg		水性建筑防水涂料	—	JC 1066-2008中附录B苯、甲苯、乙苯、二甲苯、苯酚、蒽、萘含量的测定	—
		苯	benzene	mg/kg		反应型建筑防水涂料			
				g/kg		溶剂型建筑防水涂料			
		甲苯、乙苯和二甲苯	Total of toluene, ethyl benzene and xylene	g/kg		反应型建筑防水涂料、溶剂型建筑防水涂料			
		萘	Naphthaline	mg/kg					
		蒽	Anthracene	mg/kg					

附表1（续）

国家标准名称	标准编号	安全指标中文名称	安全指标英文名称	安全指标单位	适用产品类别（大类）	适用的具体产品名称（小类）	国家标准对应的国际、国外标准（名称、编号）	安全指标对应的检测方法标准（名称、编号）	检测方法标准对应的国际、国外标准（名称、编号）
建筑防水涂料中有害物质限量	JC1066—2008	苯酚	Phenol	mg/kg	建筑防水涂料		—		
		游离甲醛	Free Formaldehyde	mg/kg		水性建筑防水涂料		GB18582—2008中附录C游离甲醛含量的测定	
		氨	Ammonia	mg/kg		水性建筑防水涂料		JC 1066-2008中附录C防水涂料中释放氨的测定蒸馏后滴定法	—
		游离TDI	Free toluene diisocyanates(TDI)	g/kg		聚氨酯类防水涂料		JC 1066-2008中附录D甲苯二异氰酸酯（TDI）含量的测定	—
		重金属 可溶性铅（Pb） 可溶性镉（Cd） 可溶性铬（Cr） 可溶性汞（Hg）	Content of heavy metal Soluble Lead(Pb) Soluble Cadmium(Cd) Soluble Chromium(Cr) Soluble Mercury(Hg)	mg/kg		水性建筑防水涂料、溶剂型建筑防水涂料、反应型建筑防水涂料（无色、白色、黑色防水涂料不需测试）		GB/T 18582—2008中附录D可溶性铅、镉、铬、汞元素含量的测定	—
地坪涂装材料	GB/T 22374—2008	挥发性有机化合物（VOC）质量浓度	Volatile Organic Compound content(VOC)	g/L	室内地坪涂装材料	水性地坪涂装材料 溶剂型地坪涂装材料 无溶剂型地坪涂装材料	—	GB/T 22374—2008中附录A挥发性有机化合物（VOC）的测定GB18581- 2001中4.2	ISO 11890-1: 2007色漆和清漆——挥发性有机化合物（VOC）含量的测定——第1部分：差值法
		苯质量分数	Benzene content	g/kg		水性地坪涂装材料 溶剂型地坪涂装材料 无溶剂型地坪涂装材料		GB18581—2001中附录A苯、甲苯、二甲苯的测定 气相色谱法	—
		甲苯和二甲苯的总和质量分数	Total of toluene and xylene	g/kg					

附表1（续）

国家标准名称	标准编号	安全指标中文名称	安全指标英文名称	安全指标单位	适用产品类别（大类）	适用的具体产品名称（小类）	国家标准对应的国际、国外标准（名称、编号）	安全指标对应的检测方法标准（名称、编号）	检测方法标准对应的国际、国外标准（名称、编号）
地坪涂装材料	GB/T 22374—2008	游离甲醛质量分数	Free Formaldehyde	g/kg	室内地坪涂装材料	水性地坪涂装材料		GB/T 22374—2008中6.3.2	—
						溶剂型地坪涂装材料			
						无溶剂型地坪涂装材料			
		游离甲苯二异氰酸酯（TDI）质量分数	Free toluene diisocyanates(TDI)	g/kg		溶剂型地坪涂装材料（聚氨酯类）；无溶剂型地坪涂装材料（聚氨酯类）		GB/T18446—2001气相色谱法测定氨基甲酸酯预聚物和涂料溶液中未反应的甲苯二异氰酸酯（TDI）单体	ASTM D3432-1989 气相色谱法测定氨基甲酸酯预聚物和涂料溶液中未反应的甲苯二异氰酸酯（TDI）单体
		重金属质量分数（限色漆） 可溶性铅（Pb） 可溶性镉（Cd） 可溶性铬（Cr） 可溶性汞（Hg）	Content of heavy metal Soluble Lead(Pb) Soluble Cadmium(Cd) Soluble Chromium(Cr) Soluble Mercury(Hg)	mg/kg		水性地坪涂装材料；无溶剂型地坪涂装材料、溶剂型地坪涂装材料		GB/T 9758.1—1988色漆和清漆——“可溶性”金属含量的测定——第1部分：铅含量的测定——火焰原子吸收光谱法和双硫腙分光光度法 GB/T 9758.4—1988色漆和清漆——“可溶性”金属含量的测定——第4部分：镉含量的测定——火焰原子吸收光谱法和极谱法 GB/T 9758.6—1988色漆和清漆——“可溶性”金属含量的测定——第6	ISO 3856.1-1984色漆和清漆——“可溶性”金属含量的测定——第1部分：铅含量的测定——火焰原子吸收光谱法和双硫腙分光光度法 ISO 3856.4-1984色漆和清漆——“可溶性”金属含量的测定——第4部分：镉含量的测定——火焰原子吸收光谱法和极谱法

附表1（续）

国家标准名称	标准编号	安全指标中文名称	安全指标英文名称	安全指标单位	适用产品类别（大类）	适用的具体产品名称（小类）	国家标准对应的国际、国外标准（名称、编号）	安全指标对应的检测方法标准（名称、编号）	检测方法标准对应的国际、国外标准（名称、编号）
地坪涂装材料	GB/T 22374—2008							部分：色漆的液体部分中铬总含量的测定——火焰原子吸收光谱法 GB/T 9758.7—1988色漆和清漆——“可溶性”金属含量的测定——第7部分：色漆的颜料部分和水稀释性色漆的液体部分中汞含量的测定——无焰原子吸收光谱法	ISO 3856.6-1984色漆和清漆——“可溶性”金属含量的测定——第6部分：色漆的液体部分中铬总含量的测定——火焰原子吸收光谱法 ISO 3856.7-1984色漆和清漆——“可溶性”金属含量的测定——第7部分：色漆的颜料部分和水稀释性色漆的液体部分中汞含量的测定——无焰原子吸收光谱法
室内装饰装修用天然树脂木器涂料	GB/T 27811—2011	挥发性有机化合物（VOC）含量	Volatile Organic Compound content(VOC)	g/L	室内装饰装修用天然树脂木器涂料	室内用天然树脂木器涂料	—	GB18581—2009中附录A	ISO 11890-1: 2007色漆和清漆——挥发性有机化合物（VOC）含量的测定——第1部分：差值法
		苯含量	Benzene content	%		室内用天然树脂木器涂料		GB18581—2009中附录B苯、甲苯、乙苯、二甲苯和甲醇含量的测定	—
		甲苯、二甲苯和乙苯含量总和	Total of toluene and ethyl benzene and xylene	%					

附表1（续）

国家标准名称	标准编号	安全指标中文名称	安全指标英文名称	安全指标单位	适用产品类别（大类）	适用的具体产品名称（小类）	国家标准对应的国际、国外标准（名称、编号）	安全指标对应的检测方法标准（名称、编号）	检测方法标准对应的国际、国外标准（名称、编号）
室内装饰装修用天然树脂木器涂料	GB/T 27811—2011	卤代烃含量	Halohydrocarbon content	%		室内用天然树脂木器涂料		GB18581—2009中附录C卤代烃含量的测定	—
		可溶性重金属含量 可溶性铅（Pb） 可溶性镉（Cd） 可溶性铬（Cr） 可溶性汞（Hg）	Content of heavy metal Soluble Lead(Pb) Soluble Cadmium(Cd) Soluble Chromium(Cr) Soluble Mercury(Hg)	mg/kg		室内用天然树脂木器涂料		GB/T 18582—2008中附录D可溶性铅、镉、铬、汞元素含量的测定	—
聚氨酯防水涂料	GB/T19250—2013	挥发性有机化合物（VOC）	Volatile Organic Compound (VOC)	g/L	聚氨酯防水涂料	聚氨酯防水涂料（A类、B类）	—	JC 1066-2008中附录A 挥发性有机化合物含量（VOC）的测定方法	ISO 11890-1:2013 色漆和清漆——挥发性有机化合物（VOC）含量的测定——第1部分：差值法
		苯	Benzene	mg/kg		聚氨酯防水涂料（A类、B类）		JC 1066-2008中附录B苯、甲苯、乙苯、二甲苯、苯酚、蒽、萘含量的测定	—
		甲苯+乙苯+二甲苯	Total of toluene, ethyl benzene and xylene	g/kg					
		萘	Naphthaline	mg/kg					
		蒽	Anthracene	mg/kg					
		苯酚	Phenol	mg/kg					
		游离TDI	Free toluene diisocyanates(TDI)	g/kg		聚氨酯防水涂料（A类、B类）		JC 1066-2008中附录D甲苯二异氰酸酯（TDI）含量的测定	—
		可溶性重金属（可选项目）	Content of Soluble heavy metal	mg/kg	聚氨酯防水涂料	聚氨酯类防水涂料（A类、B类）		GB/T 18582—2008中附录D可溶性铅、镉、铬、	—

附表1（续）

国家标准名称	标准编号	安全指标中文名称	安全指标英文名称	安全指标单位	适用产品类别（大类）	适用的具体产品名称（小类）	国家标准对应的国际、国外标准（名称、编号）	安全指标对应的检测方法标准（名称、编号）	检测方法标准对应的国际、国外标准（名称、编号）
聚氨酯防水涂料	GB/T19250—2013	铅（Pb） 镉（Cd） 铬（Cr） 汞（Hg）	Lead(Pb) Cadmium(Cd) Chromium(Cr) Mercury(Hg)					汞元素含量的测定	
聚硅氧烷涂料	HG/T 4755—2014	挥发性有机化合物（VOC）含量	Volatile Organic Compound (VOC)content	g/L	聚硅氧烷涂料	聚硅氧烷涂料	—	HG/T 4755-2014中4.9	ISO 11890-1:2007 色漆和清漆——挥发性有机化合物（VOC）含量的测定——第1部分：差值法
		重金属含量 铅（Pb）	Content of heavy metal Lead(Pb)	mg/kg		聚硅氧烷涂料	—	GB 24408—2009中附录E外墙涂料中铅、镉、汞含量的测试；附录F外墙涂料中六价铬含量的测试	—
		镉（Cd）	Cadmium(Cd)						
		六价铬（Cr^{6+}）	Hexavalent Chromium(Cr^{6+})						
		汞（Hg）	Mercury(Hg)						
农用机械涂料	HG/T 4757—2014	重金属含量 铅（Pb）	Content of heavy metal Lead(Pb)	mg/kg	农用机械涂料	农用机械涂料	—	GB 24409—2009中附录D铅、镉、汞含量的测试；附录E六价铬含量的测试	—
		镉（Cd）	Cadmium(Cd)						
		六价铬（Cr^{6+}）	Hexavalent Chromium(Cr^{6+})						
		汞（Hg）	Mercury(Hg)						

附表1（续）

国家标准名称	标准编号	安全指标中文名称	安全指标英文名称	安全指标单位	适用产品类别（大类）	适用的具体产品名称（小类）	国家标准对应的国际、国外标准（名称、编号）	安全指标对应的检测方法标准（名称、编号）	检测方法标准对应的国际、国外标准（名称、编号）
热固性粉末涂料	HG/T 2006—2006	重金属（限色漆） 铅（Pb） 可溶性镉（Cd） 可溶性铬（Cr） 可溶性汞（Hg）	Content of heavy metal Soluble Lead(Pb) Soluble Cadmium(Cd) Soluble Chromium(Cr) Soluble Mercury(Hg)	mg/kg	热固性粉末涂料	热固性粉末涂料（室内用、室外用）（优等品）	—	GB/T 9758.1—1988色漆和清漆——“可溶性”金属含量的测定——第1部分：铅含量的测定——火焰原子吸收光谱法和双硫腙分光光度法 GB/T 9758.4—1988色漆和清漆——“可溶性”金属含量的测定——第4部分：镉含量的测定——火焰原子吸收光谱法和极谱法 GB/T 9758.6—1988色漆和清漆——“可溶性”金属含量的测定——第6部分：色漆的液体部分中铬总含量的测定——火焰原子吸收光谱法 GB/T 9758.7—1988色漆和清漆——“可溶性”金属含量的测定——第7部分：色漆的颜料部分和水稀释性色漆的液体部分中汞含量的测定——无焰原子吸收光谱法	ISO 3856.1-1984色漆和清漆——“可溶性”金属含量的测定——第1部分：铅含量的测定——火焰原子吸收光谱法和双硫腙分光光度法 ISO 3856.4-1984色漆和清漆——“可溶性”金属含量的测定——第4部分：镉含量的测定——火焰原子吸收光谱法和极谱法 ISO 3856.6-1984色漆和清漆——“可溶性”金属含量的测定——第6部分：色漆的液体部分中铬总含量的测定——火焰原子吸收光谱法 ISO 3856.7-1984色漆和清漆——“可溶性”金属含量的测定——第7部分：色漆的颜料部

附表1（续）

国家标准名称	标准编号	安全指标中文名称	安全指标英文名称	安全指标单位	适用产品类别（大类）	适用的具体产品名称（小类）	国家标准对应的国际、国外标准（名称、编号）	安全指标对应的检测方法标准（名称、编号）	检测方法标准对应的国际、国外标准（名称、编号）
热固性粉末涂料	HG/T 2006—2006								分和水稀释性色漆的液体部分中汞含量的测定——无焰原子吸收光谱法
各色硝基铅笔底漆	HG/T 2246—91	总铅含量	Total Lead(Pb)	%	各色硝基铅笔底漆	各色硝基铅笔底漆	—	GB/T 13452.1—91色漆和清漆总铅含量的测定火焰原子吸收光谱法	ISO 6503-84色漆和清漆　总铅含量的测定　火焰原子吸收光谱法
与人体接触的消费产品用涂料中特定有害元素限量	GB/T 23994—2009	可溶性重金属含量 铅（Pb） 镉（Cd） 铬（Cr） 汞（Hg）	Content of heavy metal Lead(Pb) Cadmium(Cd) Chromium(Cr) Mercury(Hg)	mg/kg	与人体接触的消费产品用涂料	A类涂料、B类涂料	—	GB 23994—2009中附录A可溶性元素含量的测定；附录B铅含量的测试	—
		锑 砷 钡 硒	Antimony(Sb) Arsenic(As) Barium(Ba) Selenium(Se)			A类涂料			
		总铅（Pb）	Total Lead(Pb)						
关于对电池、涂料征收消费税的通知	2015年1月26日国家财政部、国家税务总局联	挥发性有机化合物（VOC）含量	Volatile Organic Compound(VOC) content	g/L	涂料	所有类型	—	GB/T 23984—2009《色漆和清漆 低VOC乳胶漆中挥发性有机化合物（罐内VOC）含量的测定》 GB/T 23985-2009《色漆和清漆 挥发性有机化	ISO 17895-2005《色漆和清漆 低VOC乳胶漆中挥发性有机化合物（罐内VOC）含量的测定》、ISO 11890-1：2007《色漆和

附表1（续）

国家标准名称	标准编号	安全指标中文名称	安全指标英文名称	安全指标单位	适用产品类别（大类）	适用的具体产品名称（小类）	国家标准对应的国际、国外标准（名称、编号）	安全指标对应的检测方法标准（名称、编号）	检测方法标准对应的国际、国外标准（名称、编号）
关于对电池、涂料征收消费税的通知	合发文，文号“财税〔2015〕16号”							合物（VOC）含量的测定差值法》 GB/T 23986—2009《色漆和清漆 挥发性有机化合物（VOC）含量的测定气相色谱法》	清漆 挥发性有机化合物（VOC）含量的测定 差值法》 ISO 11890-2：2013《色漆和清漆 挥发性有机化合物（VOC）含量的测定气相色谱法》
建筑钢结构防腐涂料中有害物质限量	GB 30981—2014	挥发性有机化合物（VOC）	Volatile Organic Compound(VOC)	g/L	建筑钢结构防腐涂料	溶剂型涂料	—	GB 30981—2014中附录A挥发性有机化合物含量的测定	—
		卤代烃含量	halohydrocarbon	%		溶剂型涂料和水性涂料		GB 30981—2014中附录C卤代烃含量的测定	—
		苯含量	Benzene content	%				GB 30981—2014中附录B苯、甲醇、乙二醇醚含量的测定	—
		甲醇含量	Methanol content	%					
		乙二醇醚含量（乙二醇甲醚和乙二醇乙醚总和）	Total of ethylene glycol ethers(ethylene glycol monomethyl ether and ethylene glycol ethyl ether)	%					
		重金属含量 铅（Pb）	Content of heavy metal Lead(Pb)	mg/kg		溶剂型涂料和水性涂料中色漆	—	GB 24408—2009中附录E铅、镉、汞含量的测试；附录F六价铬含量的测试	—
		镉（Cd）	Cadmium(Cd)						

附表1（续）

国家标准名称	标准编号	安全指标中文名称	安全指标英文名称	安全指标单位	适用产品类别（大类）	适用的具体产品名称（小类）	国家标准对应的国际、国外标准（名称、编号）	安全指标对应的检测方法标准（名称、编号）	检测方法标准对应的国际、国外标准（名称、编号）
		六价铬（Cr^{6+}）	Hexavalent Chromium(Cr^{6+})						
		汞（Hg）	Mercury(Hg)						
		挥发性有机化合物含量（VOC）	Volatile Organic Compound (VOC)content	g/L				GB/T 23986—2009中10.3	ISO 11890-2：2013 色漆和清漆——挥发性有机化合物（VOC）含量的测定——第2部分：气相色谱法
		游离甲醛	Free Formaldehyde	g/kg			—	HJ 2537-2014中6.3	—
儿童房装饰用水性木器涂料	GB ×××× —××××	卤代烃（以二氯甲烷计）	Halohydrocarbon(calculated by methylene chloride)					HJ 2537-2014中6.5	—
		乙二醇醚及其酯类总和	Total of ethylene glycol ethers and ether esters		儿童房装饰用水性木器涂料	色漆、清漆、腻子		HJ 2537-2014中6.2	—
		邻苯二甲酸酯含量：邻苯二甲酸二异辛酯（DEHP）、邻苯二甲酸二丁酯（DBP）和邻苯二甲酸丁苄酯（BBP）总和	Total of DEHP, DBP and BBP	%			2005/84/EC号欧盟指令 邻苯二甲酸酯指令	GB/T 30646—2014涂料中邻苯二甲酸酯含量的测定——气相色谱/质谱联用法	—
		邻苯二甲酸酯含量：邻苯二甲酸二异壬酯（DINP）、邻苯二甲	Total of DINP, DIDP and DNOP	%					

附表1（续）

国家标准名称	标准编号	安全指标中文名称		安全指标英文名称	安全指标单位	适用产品类别（大类）	适用的具体产品名称（小类）	国家标准对应的国际、国外标准（名称、编号）	安全指标对应的检测方法标准（名称、编号）	检测方法标准对应的国际、国外标准（名称、编号）
			酸二异癸酯（DIDP）和邻苯二甲酸二辛酯（DNOP）总和							
儿童房装饰用水性木器涂料	GB ×××××—××××	可溶性元素含量	锑Sb	Antimon Sb	mg/kg		色漆和腻子	澳大利亚含铅和其它元素的玩具和指印涂料强制性限量标准 ISO 8124-3：2010、EN 71-3：2013玩具安全——第3部分：特定元素的迁移	GB 24613—2009中附录B可溶性元素含量的测定	—
			砷As	Arsenic As						
			钡Ba	Barium Ba						
			镉Cd	Cadmium Cd						
			铬Cr	Chromium Cd						
			铅Pb	Lead Pb						
			汞Hg	Mercury Hg						
			硒Se	Selenium Se						
船舶涂料中有害物质限量	GB ×××××—××××	挥发性有机化合物（VOC）		Volatile Organic Compound(VOC)	g/L	船舶涂料	溶剂型涂料	—	GB 30981—2014中附录A挥发性有机化合物含量的测定	—
		甲苯含量		Toluene content	%				GB 24408—2009中附录D	—
		苯含量		Benzene content	%		所有类型		GB 30981—2014中附录B苯、甲醇、乙二醇醚含量的测定	
		甲醇含量		Methanol content	%		无机类涂料		GB 24408—2009中附录A和附录D	—
		乙二醇醚及其酯类总和		Total of ethylene glycol ethers and ether esters	%		所有类型			

附表1（续）

国家标准名称	标准编号	安全指标中文名称	安全指标英文名称	安全指标单位	适用产品类别（大类）	适用的具体产品名称（小类）	国家标准对应的国际、国外标准（名称、编号）	安全指标对应的检测方法标准（名称、编号）	检测方法标准对应的国际、国外标准（名称、编号）
船舶涂料中有害物质限量	GB ××××—××××	卤代烃含量	halohydrocarbon	%				GB 30981—2014中附录C卤代烃含量的测定	—
		重金属含量 铅（Pb）	Content of heavy metal Lead(Pb)	mg/kg		所有类型涂料中色漆	—	GB 24408—2009中附录E铅、镉、汞含量的测试；附录F六价铬含量的测试	—
		镉（Cd）	Cadmium(Cd)						
		六价铬（Cr^{6+}）	Hexavalent Chromium(Cr^{6+})						
		汞（Hg）	Mercury(Hg)						
		锡（Sn）	Tin(Sn)			Ⅰ型和Ⅱ型防污漆	—	GB/T 26085—2010船舶防污漆锡总量的测试及判定	—
		滴滴涕（DDT）	DDT					GB/T 25011—2010船舶防污漆中滴滴涕含量的测试及判定	—
		石棉含量		mg/kg		色漆	—	GB/T ××××—××××《涂料中石棉的测定》	—
室内地坪涂料中有害物质限量	GB ××××—××××	挥发性有机化合物含量（VOC）	Volatile Organic Compound(VOC) content	g/L	室内地坪涂料	溶剂型地坪涂料和无溶剂型地坪涂料	—	GB ×××××—××××中附录C溶剂型和无溶剂型地坪涂料中挥发性有机化合物（VOC）含量的测试	—
		苯、甲苯、乙苯和二甲苯总和	Total of benzene, toluene ethyl benzene and xylene	mg/kg		水性地坪涂料		GB×××××—××××中附录A水性地坪涂料中挥发性有机化合物、苯、甲苯、乙苯和二甲	ISO 11890-2:2013色漆和清漆——挥发性有机化合物（VOC）含量的测

附表1（续）

国家标准名称	标准编号	安全指标中文名称	安全指标英文名称	安全指标单位	适用产品类别（大类）	适用的具体产品名称（小类）	国家标准对应的国际、国外标准（名称、编号）	安全指标对应的检测方法标准（名称、编号）	检测方法标准对应的国际、国外标准（名称、编号）
室内地坪涂料中有害物质限量	GB ××××—××××							苯总和含量、乙二醇醚及醚酯总和含量的测试——气相色谱法、附录B水分含量的测试	定——第2部分：气相色谱法
		苯含量	Benzene content	%		溶剂型地坪涂料和无溶剂型地坪涂料		GB24408—2009中附录D溶剂型外墙涂料中苯、甲苯、乙苯、二甲苯、乙二醇醚及醚酯的测试——气相色谱分析法	—
		甲苯、乙苯和二甲苯总和	Total of toluene ethyl benzene and xylene	%					
		游离甲醛含量	Free Formaldehyde content	mg/kg		水性地坪涂料		GB23993—2009水性涂料中甲醛的测定 乙酰丙酮分光光度法	—
		游离二异氰酸酯（TDI和HDI）含量总和	Total of free diisocyanates (TDI and HDI)	%		以异氰酸酯作为固化剂的水性、溶剂型和无溶剂地坪涂料		GB/T18446—2009色漆和清漆用漆基 异氰酸酯树脂中二异氰酸酯单体的测定	ISO 10283：2007色漆和清漆用漆基异氰酸酯树脂中二异氰酸酯单体的测定
		乙二醇醚及醚酯含量总和（限乙二醇甲醚、乙二醇甲醚醋酸酯、乙二醇乙醚、乙二醇乙醚醋酸酯、乙二醇丁醚、乙二醇丁醚醋酸酯、二乙二醇丁醚醋酸酯）	Total of ethylene glycol ethers and ether esters(only ethylene glycol monomethyl ether, ethylene glycol monomethyl ether acetate, ethylene glycol ethyl ether, ethylene glycol monoethyl ether acetate, ether acetate,	mg/kg	室内地坪涂料	水性、溶剂型和无溶剂地坪涂料	—	GB××××—××××中附录A水性地坪涂料中挥发性有机化合物、苯、甲苯、乙苯和二甲苯总和含量、乙二醇醚及醚酯总和含量的测试——气相色谱法、附录D溶剂型和无溶剂型地坪涂料中苯、甲苯、乙	—

附表1（续）

国家标准名称	标准编号	安全指标中文名称	安全指标英文名称	安全指标单位	适用产品类别（大类）	适用的具体产品名称（小类）	国家标准对应的国际、国外标准（名称、编号）	安全指标对应的检测方法标准（名称、编号）	检测方法标准对应的国际、国外标准（名称、编号）
室内地坪涂料中有害物质限量	GB ×××××—×××		ethylene glycol butyl ether, ethylene glycol monobutyl ether acetate, diethylene glycol monobutyl ether acetate were limited)					苯和二甲苯、乙二醇醚及醚酯的测试——气相色谱分析法	
		重金属含量 铅（Pb）	Content of heavy metal Soluble Lead(Pb)	mg/kg		溶剂型外墙涂料和水性外墙涂料（限色漆和腻子）		GB 24408—2009中附录E外墙涂料中铅、镉、汞含量的测试；附录F外墙涂料中六价铬含量的测试	
		镉（Cd）	Soluble Cadmium(Cd)	mg/kg					
		六价铬（Cr^{6+}）	Soluble hexavalent Chromium(Cr^{6+})	mg/kg					
		汞（Hg）	Soluble Mercury(Hg)	mg/kg					
		邻苯二甲酸酯含量：邻苯二甲酸二异辛酯（DEHP）、邻苯二甲酸二丁酯（DBP）和邻苯二甲酸丁苄酯（BBP）总和	Total of DEHP, DBP and BBP	%	室内地坪涂料	溶剂型和无溶剂地坪涂料	2005/84/EC号欧盟指令 邻苯二甲酸酯指令	GB/T 30646—2014涂料中邻苯二甲酸酯含量的测定——气相色谱/质谱联用法	
		邻苯二甲酸酯含量：邻苯二甲酸二异壬酯（DINP）、邻苯二甲酸二异癸酯（DIDP）和邻苯二甲酸二辛酯（DNOP）总和	Total of DINP, DIDP and DNOP	%					

附表2 国家标准信息采集表（方法标准）

国家标准名称	标准编号	安全指标中文名称	安全指标英文名称	安全指标单位	适用产品类别（大类）	适用的具体产品名称（小类）	国家标准对应的国际、国外标准（名称、编号）	安全指标对应的检测方法标准（名称、编号）	检测方法标准对应的国际、国外标准（名称、编号）
色漆和清漆 “可溶性”金属含量的测定 第1部分：铅含量的测定 火焰原子吸收光谱法和双硫腙分光光度法	GB/T 9758.1—1988	可溶性铅Pb	Soluble Lead	%	涂料	色漆和清漆			ISO 3856.1-1984色漆和清漆——“可溶性”金属含量的测定——第1部分：铅含量的测定——火焰原子吸收光谱法和双硫腙分光光度法（等同采用）
色漆和清漆 “可溶性”金属含量的测定 第2部分：锑含量的测定 火焰原子吸收光谱法和若丹明B分光光度法	GB/T 9758.2—1988	可溶性锑Sb	Soluble Antimony	%	涂料	色漆和清漆			ISO 3856.2-1984色漆和清漆——“可溶性”金属含量的测定——第2部分：锑含量的测定——火焰原子吸收光谱法和若丹明B分光光度法（等同采用）
色漆和清漆 “可溶性”金属含量的测定 第3部分：钡含量的测定 火焰原子发射光谱法	GB/T 9758.3—1988	可溶性钡Ba	Soluble Barium	%	涂料	色漆和清漆			ISO 3856.3-1984色漆和清漆——“可溶性”金属含量的测定——第3部分：钡含量的测定——火焰原子发射光谱法（等同采用）
色漆和清漆 “可溶性”金属含量的测定 第4部分：镉含量的测定 火焰原子吸收光谱法和极谱法	GB/T 9758.4—1988	可溶性镉Cd	Soluble Cadmium	%	涂料	色漆和清漆			ISO 3856.4-1984色漆和清漆——“可溶性”金属含量的测定——第4部分：镉含量的测定——火焰原子吸收光谱法和极谱法（等同采用）
色漆和清漆 “可溶性”金属含量的测定 第5部分：液态色漆的颜	GB/T 9758.5—1988	可溶性六价铬Cr^{6+}	Soluble Hexavalent Chromium	%	涂料	色漆和清漆			ISO 3856.5-1984色漆和清漆——“可溶性”金属含量的测定——第5部分：液态或粉末

附表2（续）

国家标准名称	标准编号	安全指标中文名称	安全指标英文名称	安全指标单位	适用产品类别（大类）	适用的具体产品名称（小类）	国家标准对应的国际、国外标准（名称、编号）	安全指标对应的检测方法标准（名称、编号）	检测方法标准对应的国际、国外标准（名称、编号）
料部分或粉末状色漆中六价铬含量的测定　二苯卡巴肼分光光度法									状色漆的颜料部分中六价铬含量的测定——二苯卡巴肼分光光度法（等同采用）
色漆和清漆　“可溶性”金属含量的测定　第6部分：色漆的液体部分中铬总含量的测定　火焰原子吸收光谱法	GB/T 9758.6—1988	可溶性总铬Cr	Soluble Total Chromium	%	涂料	色漆和清漆			ISO 3856.6-1984色漆和清漆——“可溶性”金属含量的测定——第6部分：色漆的液体部分中铬总含量的测定——火焰原子吸收光谱法（等同采用）
色漆和清漆　“可溶性”金属含量的测定　第7部分：色漆的颜料部分和水可稀释性漆的液体部分中汞含量的测定　无焰原子吸收光谱法	GB/T 9758.7—1988	可溶性汞Hg	Soluble Mercury	%	涂料	色漆和清漆			ISO 3856.7-1984 色漆和清漆——“可溶性”金属含量的测定——第7部分：色漆的颜料部分和水稀释性色漆的液体部分中汞含量的测定——无焰原子吸收光谱法（等同采用）
色漆和清漆　总铅含量的测定　火焰原子吸收光谱法	GB/T 13452.1—1992	总铅Pb	Total Lead	%	涂料	色漆和清漆			ISO 6503-1984色漆和清漆　总铅含量的测定　火焰原子吸收光谱法（等效采用）
色漆和清漆用漆基　异氰酸酯树脂中二异氰酸酯单体的测定	GB/T 18446—2009	二异氰酸酯单体	Monomeric diisocyanates	%	色漆和清漆用漆基	异氰酸酯树脂			ISO 10283:2007色漆和清漆用漆基　异氰酸酯树脂中二异氰酸酯单体的测定（等同采用）
船底防污漆有机锡单体渗出率测定法	GB/T 6825—2008	有机锡单体渗出率	release rate of organo-tin	$\mu g/(cm^2 \cdot d)$	涂料	船底防污漆			—
船底防污漆铜离子渗出率测定法	GB/T 6824—2008	铜离子渗出率	release rate of cupper-ion	$\mu g/(cm^2 \cdot d)$	涂料	船底防污漆			ISO 15181-1:2000 色漆和清漆——防污漆中生物毒料释放

附表2（续）

国家标准名称	标准编号	安全指标中文名称	安全指标英文名称	安全指标单位	适用产品类别（大类）	适用的具体产品名称（小类）	国家标准对应的国际、国外标准（名称、编号）	安全指标对应的检测方法标准（名称、编号）	检测方法标准对应的国际、国外标准（名称、编号）
船底防污漆铜离子渗出率测定法	GB/T 6824—2008								速率的测定——第1部分：生物毒料萃取的通用方法、 ISO 15181-2:2000 色漆和清漆——防污漆中生物毒料释放速率的测定——第2部分：萃取液中铜离子浓度的测定和释放速率的计算（非等效采用）
船舶防污漆总铜含量测定法	GB/T 31409—2015	总铜含量	The content of total cupper	mg/kg		船舶防污漆			—
水性涂料表面活性剂的测定烷基酚聚氧乙烯醚	GB/T 31414—2015	烷基酚聚氧乙烯醚	APEO	%	涂料	水性涂料			—
色漆和清漆低VOC乳胶漆中挥发性有机化合物（罐内VOC）含量的测定	GB/T 23984—2009	挥发性有机化合物含量	Votatile organic compound content(VOC)	mg/kg	涂料	乳胶漆			ISO 17895-2005色漆和清漆 低VOC乳胶漆中挥发性有机化合物（罐内VOC）含量的测定（等同采用）
色漆和清漆挥发性有机化合物（VOC）含量的测定差值法	GB/T 23985—2009	挥发性有机化合物含量	Votatile organic compound content(VOC)	g/L（方法1）、%（方法2和方法3）	涂料	色漆、清漆及其原材料			ISO 11890-1:2007《色漆和清漆 挥发性有机化合物（VOC）含量的测定 —第1部分差值法》（等同采用）
色漆和清漆 挥发性有机化合物（VOC）含量的测定 气相色谱法	GB/T 23986—2009	挥发性有机化合物含量	Votatile organic compound content(VOC)	g/L（方法1）、%（方法2和方法3）	涂料	色漆、清漆及其原材料			ISO 11890-2:2006《色漆和清漆 挥发性有机化合物（VOC）含量的测定-第2部分气相色谱法》（等同采用）

附表2（续）

国家标准名称	标准编号	安全指标中文名称	安全指标英文名称	安全指标单位	适用产品类别（大类）	适用的具体产品名称（小类）	国家标准对应的国际、国外标准（名称、编号）	安全指标对应的检测方法标准（名称、编号）	检测方法标准对应的国际、国外标准（名称、编号）
涂料中可溶性有害元素含量的测定	GB/T 23991—2009	可溶性锑 可溶性砷 可溶性钡 可溶性镉 可溶性铬 可溶性铅 可溶性汞 可溶性硒	soluble antimony(Sb) soluble arsenic,(As) soluble barium,(Ba) soluble cadmium,(Cd) soluble chromium,(Cr) soluble lead,(Pb) soluble mercury,(Hg) soluble selenium(Se)	mg/kg	涂料	各类涂料			—
涂料中的有害元素总含量的测定	GB/T 30647—2014	有害元素总含量	Total content of Harmful elements	mg/kg	涂料	各类涂料			—
涂料中氯代烃含量的测定 气相色谱法	GB/T 23992—2009	氯代烃含量	Chlorhydrocarbon content	mg/kg（水性）、%（溶剂型）	涂料	涂料及涂料用原材料			—
涂料中苯、甲苯、乙苯和二甲苯含量的测定 气相色谱法	GB/T 23990—2009	苯、甲苯、乙苯和二甲苯含量	Total of benzene, toluene,ethylbenzene and xylene	%	涂料	溶剂型涂料，水性涂料			—

附表2（续）

国家标准名称	标准编号	安全指标中文名称	安全指标英文名称	安全指标单位	适用产品类别（大类）	适用的具体产品名称（小类）	国家标准对应的国际、国外标准（名称、编号）	安全指标对应的检测方法标准（名称、编号）	检测方法标准对应的国际、国外标准（名称、编号）
水性涂料中甲醛含量的测定 乙酰丙酮分光光度法	GB/T 23993—2009	甲醛	Formaldehyde content	mg/kg	涂料	水性涂料及原料			—
涂料中滴滴涕（DDT）含量的测定气相色谱法	GB/T 25267—2010	滴滴涕	DDT	μg/kg	涂料	各类涂料			—
玩具表面涂层中总铅含量的测定	GB/T 22788—2008	总铅含量	Total lead content	mg/kg	涂料	玩具涂料			—
涂料中邻苯二甲酸酯含量的测定 气相色谱/质谱联用法	GB/T 30646—2014	邻苯二甲酸酯含量	Phthalate plasticizers content	%	涂料	涂料及涂料用原材料			—
涂料中石棉的测定	正在制定国家标准	石棉	Asbestos	%	涂料	涂料及涂料用原材料			
涂料中多氯联苯的测定	正在申报国家标准计划	多氯联苯	Polychlorinated Biphenyls (PCBs)	mg/kg	涂料	涂料			
涂料中多环芳烃的测定		多环芳烃	Polycyclic Aromatic Hydrocarbon	mg/kg	涂料	涂料			
涂料中有机锡的测定		有机锡	Organo-tin	mg/kg	涂料	涂料			
水性涂料中甲醛含量的测定 高效液相色谱法		甲醛含量	Formaldehyde content	mg/kg	涂料	涂料			

附表3　国际标准或国外先进标准信息采集表（产品标准）

国际、国外标准名称	标准编号	安全指标中文名称	安全指标英文名称	安全指标单位	适用产品类别（大类）	适用的具体产品名称（小类）	安全指标对应的检测方法标准（名称、编号）	检测方法标准对应的国家标准（名称、编号）	国际标准对应的国家标准（名称、编号）
美国环境保护署发布的建筑涂料挥发性有机化合物释放的国家标准	40 CFR Part 59	挥发性有机化合物（VOC）	Volatile Organic Compound (VOC)	g/L	涂料	天线涂料	40 CFR part 60 新固定源性能标准 附录A中方法24测定表面涂料的VOC、水含量、密度、体积固体含量和质量固体含量	GB/T 23985—2009色漆和清漆 挥发性有机化合物（VOC）含量的测定 差值法	GB 18581—2009《室内装饰装修材料 溶剂型木器涂料中有害物质限量》、GB 18582—2008《室内装饰装修材料 内墙涂料中有害物质限量》、GB 24408—2009《建筑用外墙涂料中有害物质限量》、GB 24410—2009《水性木器涂料中有害物质限量》
						防污涂料			
						防涂鸦涂料			
						防粘连剂			
						墙粉重涂剂			
						黑板书写涂料			
						混凝土固化剂			
						混凝土固化与封闭剂			
						混凝土保护涂料			
						混凝土表面缓凝剂			
						转化型清漆			
						干雾涂料			
						极高耐久性涂料			
						仿纹装饰剂/透明色料			
						防火（阻燃）涂料 清漆 不透明漆			
						平光涂料 内用 外用			
						地坪涂料			

附表3（续）

国际、国外标准名称	标准编号	安全指标中文名称	安全指标英文名称	安全指标单位	适用产品类别（大类）	适用的具体产品名称（小类）	安全指标对应的检测方法标准（名称、编号）	检测方法标准对应的国家标准（名称、编号）	国际标准对应的国家标准（名称、编号）
美国环境保护署发布的建筑涂料挥发性有机化合物释放的国家标准	40 CFR Part 59	挥发性有机化合物（VOC）	Volatile Organic Compound (VOC)	g/L	涂料	流涂涂料	40 CFR part 60 新固定源性能标准 附录A中方法24测定表面涂料的VOC、水含量、密度、体积固体含量和质量固体含量	GB/T 23985—2009色漆和清漆 挥发性有机化合物（VOC）含量的测定 差值法	GB 18581—2009《室内装饰装修材料 溶剂型木器涂料中有害物质限量》 GB 18582—2008《室内装饰装修材料 内墙涂料中有害物质限量》、 GB 24408—2009《建筑用外墙涂料中有害物质限量》、 GB 24410—2009《水性木器涂料中有害物质限量》
						脱膜剂			
						绘图标记涂料（广告牌漆）			
						热反应性涂料			
						耐高温涂料			
						水下抗冲击涂料			
						工业维护涂料			
						挥发性漆（包括可砂磨挥发性封闭剂）			
						菱镁矿水泥涂料			
						厚浆遮纹涂料			
						金属闪光涂料			
						多彩涂料			
						非铁金属增光漆和表面保护剂			
						非平光涂料 内用 外用			
						防核辐射涂料			
						预处理洗涤底漆			

附表3（续）

国际、国外标准名称	标准编号	安全指标中文名称	安全指标英文名称	安全指标单位	适用产品类别（大类）	适用的具体产品名称（小类）	安全指标对应的检测方法标准（名称、编号）	检测方法标准对应的国家标准（名称、编号）	国际标准对应的国家标准（名称、编号）
美国环境保护署发布的建筑涂料挥发性有机化合物释放的国家标准	40 CFR Part 59	挥发性有机化合物（VOC）	Volatile Organic Compound (VOC)	g/L	涂料	底漆和中间涂料	40 CFR part 60 新固定源性能标准 附录A中方法24测定表面涂料的VOC、水含量、密度、体积固体含量和质量固体含量	GB/T 23985—2009色漆和清漆 挥发性有机化合物（VOC）含量的测定 差值法	GB 18581—2009《室内装饰装修材料 溶剂型木器涂料中有害物质限量》 GB 18582—2008《室内装饰装修材料 内墙涂料中有害物质限量》、 GB 24408—2009《建筑用外墙涂料中有害物质限量》、 GB 24410—2009《水性木器涂料中有害物质限量》
						快干涂料： 磁漆 底漆、封闭剂和中间涂料			
						热塑性维修涂料			
						屋面涂料			
						防锈涂料			
						可砂磨封闭剂（可砂磨非挥发性封闭剂）			
						封闭剂（包括内用木器封闭剂）			
						虫胶 透明 不透明			
						着色剂 透明与半透明 不透明 低固体			
						着色控制剂			
						游泳池涂料			
						热塑性橡胶涂料与厚浆涂料			

附表3（续）

国际、国外标准名称	标准编号	安全指标中文名称	安全指标英文名称	安全指标单位	适用产品类别（大类）	适用的具体产品名称（小类）	安全指标对应的检测方法标准（名称、编号）	检测方法标准对应的国家标准（名称、编号）	国际标准对应的国家标准（名称、编号）
						道路标记涂料			
						清漆			
						防水封闭剂和处理剂			
						木材防腐剂 地下木材防腐剂 透明与半透明 不透明 低固体			
						区域标志涂料			
*除非另有规定，该此限量是按制造商建议的最大限度稀释比稀释的每升涂料中（扣除任何水、豁免化合物或加至色浆中的色料的体积）的VOC克数表示。									
美国消费者产品安全改善法案	CPSIA-2008 中101条含铅儿童产品；含铅涂料标准	铅	Total lead(Pb)	mg/kg	玩具及儿童其他用品	涂料涂层	ASTM F963美国玩具安全标准	GB/T 30647—2014涂料中的有害元素总含量的测定	GB 24613—2009《玩具用涂料中有害物质限量》
	CPSIA-2008 中108条儿童玩具和婴儿护理产品	邻苯二甲酸酯	phthalate				—	GB/T 30646—2014涂料中邻苯二甲酸酯含量的测定 气相色谱/质谱联用法	

附表3（续）

国际、国外标准名称	标准编号	安全指标中文名称	安全指标英文名称	安全指标单位	适用产品类别（大类）	适用的具体产品名称（小类）	安全指标对应的检测方法标准（名称、编号）	检测方法标准对应的国家标准（名称、编号）	国际标准对应的国家标准（名称、编号）
美国加州饮用水安全与毒性物质强制执行法	美国加州65法案	邻苯二甲酸酯	phthalate	%	饮用水	涂层	—	GB/T 30646—2014涂料中邻苯二甲酸酯含量的测定 气相色谱/质谱联用法	—
		铅	lead	mg/kg			EPA 7420火焰原子吸收法测定	GB/T 30647—2014涂料中的有害元素总含量的测定	—
		镉	cadmium	mg/kg					
美国Green-Seal环保标准	GS-11-2014油漆和涂料	挥发性有机化合物	volatile organic compounds(VOC)	g/m^2	涂料	建筑涂料（平光涂料；非平光涂料、底漆、中涂、地面涂料；防锈涂料；墙面反光涂料；屋顶反光涂料）	ASTM D3960 色漆和清漆中VOC含量的测定	GB/T 23986—2009《色漆和清漆 挥发性有机化合物（VOC）含量的测定-气相色谱法》	GB 18582—2008室内装饰装修材料 内墙涂料中有害物质限量 GB 24408—2009建筑用外墙涂料中有害物质限量
重要新用途规则	美国环保局	乙二醇醚	ethylene glycol ether	需申报	工业品	涂料	—	GB 24408—2009《建筑用外墙涂料中有害物质限量》中附录A	—
		联苯胺染料	Benzidine					—	—
		短链氯化石蜡	Short Chain Chlorinated Paraffins					—	—
		邻苯二甲酸二戊酯	Di-N-pentyl phthalate					GB/T 30646—2014涂料中邻苯二甲酸酯含量的测定 气相色谱/质谱联用法	—

附表3（续）

国际、国外标准名称	标准编号	安全指标中文名称	安全指标英文名称	安全指标单位	适用产品类别（大类）	适用的具体产品名称（小类）	安全指标对应的检测方法标准（名称、编号）	检测方法标准对应的国家标准（名称、编号）	国际标准对应的国家标准（名称、编号）
关于在电子电气设备中限制使用某些有害物质指令	2002/95/EC 号欧盟 RoHS 指令	镉（Cd）	Cadmium(Cd)	%	涂料	电子电气设备涂层	IEC62321:2008《电子电气产品六种限用物质（铅、汞、镉、六价铬、多溴联苯和多溴二苯醚）的测定》	GB/T 26125—2011《电子电气产品六种限用物质（铅、汞、镉、六价铬、多溴联苯和多溴二苯醚）的测定》	信息产业部第39号令《电子信息产品污染控制管理办法》
		铅（Pb）	Lead(Pb)						
		汞（Hg）	Mercury(Hg)						
		六价铬（Cr^{6+}）	Hexavalent Chromium (Cr^{6+})						
		多溴联苯（PBBs）（一溴～十溴）	Polybrominated biphenyls(PBBs)						
		多溴联苯醚（PBDEs）（一溴～九溴）	Polybrominated diphenyl ethers(PBDEs)						
邻苯二甲酸酯指令	2005/84/EC 号欧盟指令	邻苯二甲酸酯	phthalate	%	玩具及儿童其他用品	涂层	—	GB/T 30646—2014涂料中邻苯二甲酸酯含量的测定 气相色谱/质谱联用法	GB 24613—2009玩具用涂料中有害物质限量
镍释放指令	94/27/EC 号欧盟指令	镍	Nickel	μg/(cm^2·week)	玩具或儿童衣物	涂层	—	—	—
镉含量指令	91/338/EEC 号欧盟指令	镉			涂料	涂层	—	GB/T 30647—2014涂料中的有害元素总含量的测定	—

附表3（续）

国际、国外标准名称	标准编号	安全指标中文名称	安全指标英文名称	安全指标单位	适用产品类别（大类）	适用的具体产品名称（小类）	安全指标对应的检测方法标准（名称、编号）	检测方法标准对应的国家标准（名称、编号）	国际标准对应的国家标准（名称、编号）
对某些色漆、清漆以及车辆修补漆中由于使用有机溶剂而造成的挥发性有机化合物排放的限制及对欧盟指令1999/13/EC的部分修改	2004/42/EC欧盟指令	挥发性有机化合物（VOC）	Volatile Organic Compounds(VOC)	g/L	涂料	室内无光墙面或天花板涂料（60° 光泽<25） 水性 溶剂型 室内无光墙面或天花板涂料60° 光泽>25） 水性 溶剂型 外墙无机底材涂料 水性 溶剂型 木材或金属内外用贴框或包覆物涂料 水性 溶剂型 内用/外用贴框清漆和木器着色料，包括不透明木器着色料 水性 溶剂型 内外用低膜厚木器着色料 水性 溶剂型	水性： ISO 11890-2：2002《色漆和清漆 挥发性有机化合物（VOC）含量的测定-气相色谱法》 溶剂型： ASTM D2369：2003《涂料中不挥发物含量的测试方法》	水性： GB/T 23986—2009《色漆和清漆 挥发性有机化合物（VOC）含量的测定-气相色谱法》 溶剂型： GB/T 1725—2008 色漆、清漆和塑料不挥发物含量的测定	GB 18581—2009《室内装饰装修材料溶剂型木器涂料中有害物质限量》 GB 18582—2008《室内装饰装修材料 内墙涂料中有害物质限量》、 GB 24408—2009《建筑用外墙涂料中有害物质限量》、 GB 24410—2009《水性木器涂料中有害物质限量》

附表3（续）

国际、国外标准名称	标准编号	安全指标中文名称	安全指标英文名称	安全指标单位	适用产品类别（大类）	适用的具体产品名称（小类）	安全指标对应的检测方法标准（名称、编号）	检测方法标准对应的国家标准（名称、编号）	国际标准对应的国家标准（名称、编号）
对某些色漆、清漆以及车辆修补漆中由于使用有机溶剂而造成的挥发性有机化合物排放的限制及对欧盟指令1999/13/EC的部分修改	2004/42/EC欧盟指令	挥发性有机化合物（VOC）	Volatile Organic Compounds(VOC)	g/L	涂料	底漆 水性 溶剂型 粘合底漆 水性 溶剂型 单组分功能涂料 水性 溶剂型 特殊用途（如地板）用双组分反应性功能涂料 水性 溶剂型 多彩涂料 水性 溶剂型 装饰性涂料 水性 溶剂型 车辆修补产品 处理剂 预清洗剂 车辆修补产品 所有类型 填充料	水性： ISO 11890-2：2002《色漆和清漆　挥发性有机化合物（VOC）含量的测定-气相色谱法》 溶剂型： ASTM D2369：2003《涂料中不挥发物含量的测试方法》	水性： GB/T 23986—2009《色漆和清漆　挥发性有机化合物（VOC）含量的测定-气相色谱法》 溶剂型： GB/T 1725—2008 色漆、清漆和塑料不挥发物含量的测定	GB 18581—2009《室内装饰装修材料溶剂型木器涂料中有害物质限量》 GB 18582—2008《室内装饰装修材料 内墙涂料中有害物质限量》、 GB 24408—2009《建筑用外墙涂料中有害物质限量》、 GB 24410—2009《水性木器涂料中有害物质限量》

附表3（续）

国际、国外标准名称	标准编号	安全指标中文名称	安全指标英文名称	安全指标单位	适用产品类别（大类）	适用的具体产品名称（小类）	安全指标对应的检测方法标准（名称、编号）	检测方法标准对应的国家标准（名称、编号）	国际标准对应的国家标准（名称、编号）
						车辆修补产品（底漆）腻子和通用（金属）、底漆 蚀洗涂料			
						车辆修补产品 各种类型面漆			
						车辆修补产品 各种类型特殊罩面漆			
化学品的注册、评估、授权和限制	1907/2006/EC号欧盟指令	高关注物质清单（与涂料相关的有三批22类）	SVHC	%	化学品	涂料	—	—	—
关于限制全氟辛烷磺酸盐的指令	2006/122/EC号欧盟指令	全氟辛烷磺酸盐	PFOS	%	化学品	涂料	—	GB/T 28606—2012涂料中全氟辛酸及其盐的测定 高效液相色谱-串联质谱法	—
有害偶氮染料指令	2002/61/EC号欧盟指令	有害偶氮染料	azo dyes	%	皮革和纺织品	涂层	CEN ISO/TS 17234：2003皮革-化学测试-检验染色皮革是否含有某类偶氮染料 EN 14362-1：2012纺织品—检验偶氮染料释出的芳族胺—第一部分：	GB/T 7592.1—1998 气相色谱/质谱法 GB/T 7592.2—1998 高效液相色谱法 GB/T 7592.3—1998 薄层层析法	—

附表3（续）

国际、国外标准名称	标准编号	安全指标中文名称	安全指标英文名称	安全指标单位	适用产品类别（大类）	适用的具体产品名称（小类）	安全指标对应的检测方法标准（名称、编号）	检测方法标准对应的国家标准（名称、编号）	国际标准对应的国家标准（名称、编号）
有害偶氮染料指令	2002/61/EC号欧盟指令	有害偶氮染料	azo dyes	%	皮革和纺织品	涂层	在毋须提取的情况下测试产品是否含有某类偶氮染料 EN 14362-2：2003纺织品—检验由偶氮染料释出的芳族胺—第二部分：提取纤维以测试产品是否含有某类偶氮染料		
欧盟空气污染控制指令：对某些活动或设施中由于使用有机溶剂而造成的挥发性有机化合物排放的限制	1999/13/CE号欧盟指令	挥发性有机化合物	volatile organic compounds	g/m^2	环境监测	涂装	—	—	—
室内色漆和清漆生态标签	2009/544/EC号欧盟指令	挥发性有机化合物	volatile organic compounds	g/L	涂料	室内涂料	申请人按标准要求提交	GB/T 23986—2009《色漆和清漆 挥发性有机化合物（VOC）含量的测定-气相色谱法》	HJ/T 414—2007《环境标志技术要求 室内装饰装修用溶剂型木器涂料》

附表3（续）

国际、国外标准名称	标准编号	安全指标中文名称	安全指标英文名称	安全指标单位	适用产品类别（大类）	适用的具体产品名称（小类）	安全指标对应的检测方法标准（名称、编号）	检测方法标准对应的国家标准（名称、编号）	国际标准对应的国家标准（名称、编号）
室内色漆和清漆生态标签	2009/544/EC 号欧盟指令	挥发性芳香烃	benzene, toluene, ethylbenzene and xylene	%	涂料	室内涂料	申请人按标准要求提交	GB/T 23990—2009涂料中苯、甲苯、乙苯和二甲苯含量的测定 气相色谱法	HJ 2537—2014《环境标志技术要求 水性涂料》
		重金属	Harmful elements	%				GB/T 23994—2009与人体接触的消费产品用涂料中特定有害元素限量	
		烷基酚聚氧乙烯醚	APEO	%				GB/T 31414—2015水性涂料 表面活性剂的测定烷基酚聚氧乙烯醚	
		异噻唑啉化合物	Isothiazolinone	%				—	
		全氟辛烷磺酸盐	PFOS	%				GBT 28606—2012涂料中全氟辛酸及其盐的测定高效液相色谱-串联质谱法	
		卤代烃	Chlorhydrocarbon	%				GB/T 23992—2009涂料中氯代烃含量的测定气相色谱法	
		邻苯二甲酸酯	phthalate	%				GB/T 30646—2014涂料中邻苯二甲酸酯含量的测定气相色谱/质谱联用法	
		甲乙酮肟	Methyl ethyl ketone oxime	%				—	

附表3（续）

国际、国外标准名称	标准编号	安全指标中文名称	安全指标英文名称	安全指标单位	适用产品类别（大类）	适用的具体产品名称（小类）	安全指标对应的检测方法标准（名称、编号）	检测方法标准对应的国家标准（名称、编号）	国际标准对应的国家标准（名称、编号）
室内色漆和清漆生态标签	2009/544/EC 号欧盟指令	甲醛	formaldehyde	%			VDL RL03甲醛罐浓度的乙酰丙酮法	GB/T 23993—2009《水性涂料中甲醛含量的测定 乙酰丙酮分光光度法》	
加拿大《表面涂料条例》	SOR/2005-109	铅	lead	mg/kg	涂料	建筑涂料、儿童涂料	—	GB/T 30647—2014涂料中的有害元素总含量的测定	—
		汞	mercury	mg/kg					
加拿大建筑涂料挥发性有机化合物（VOC）浓度限量法规	《加拿大环境保护法案，1999》（CEPA 1999）第93（1）分项	挥发性有机化合物	volatile organic compounds(VOC)	g/m^2	涂料	建筑涂料	ASTM D3960 色漆和清漆中VOC含量的测定	GB/T 23986—2009《色漆和清漆 挥发性有机化合物（VOC）含量的测定-气相色谱法》	GB 18582—2008室内装饰装修材料 内墙涂料中有害物质限量 GB 24408—2009 建筑用外墙涂料中有害物质限量
加拿大邻苯二甲酸盐条例	SOR/2010-298	邻苯二甲酸酯	phthalate	%	玩具及儿童其他用品	涂层	—	GB/T 30646—2014涂料中邻苯二甲酸酯含量的测定 气相色谱/质谱联用法	—
加拿大禁止特定有毒物质法规	SOR/2012-285	短链氯化石蜡	SCCPs	%	工业品	涂料	注册申报	—	—
		多氯化萘	PCNs						
		正己烷	*n*-hexane						

附表3（续）

国际、国外标准名称	标准编号	安全指标中文名称	安全指标英文名称	安全指标单位	适用产品类别（大类）	适用的具体产品名称（小类）	安全指标对应的检测方法标准（名称、编号）	检测方法标准对应的国家标准（名称、编号）	国际标准对应的国家标准（名称、编号）
加拿大禁止特定有毒物质法规	SOR/2012-285	多溴联苯	PBBS	%	工业品	涂料	注册申报	—	—
加拿大禁止特定有毒物质法规	SOR/2012-285	二氯化三苯三氯乙烷	DDT	%	工业品	涂料	注册申报	—	—
加拿大禁止特定有毒物质法规	SOR/2012-285	2-甲氧基乙醇	2-ME	%	工业品	涂料	注册申报	—	—
加拿大禁止特定有毒物质法规	SOR/2012-285	三丁基锡化合物	TBTs	%	工业品	涂料	注册申报	—	—
法国强制的VOC排放标记	强制的VOC排放标记	挥发性有机化合物	volatile organic compounds	g/m²	涂料	建筑涂料	—	—	—
澳大利亚环境友好选择标志标准：色漆和涂料	PCv2.2ii-2012	TiO_2、ZnO和立德粉总量	Titanium Dioxide, Zinc Oxide and Lithopone Content	g/m²	涂料	建筑涂料（内用和外用）	申请人按标准要求提交	—	HJ/T 414—2007《环境标志技术要求 室内装饰装修用溶剂型木器涂料》 HJ 2537—2014《环境标志技术要求 水性涂料》 GB 18582—2008室内装饰装修材料 内墙涂料中有害物质限量 GB 24408—2009建筑用外墙涂料中有害物质限量
澳大利亚环境友好选择标志标准：色漆和涂料	PCv2.2ii-2012	乙二醇醚类（15种）	Glycol Ethers(15种)	—	涂料	建筑涂料（内用和外用）	申请人按标准要求提交	GB 24408—2009建筑用外墙涂料中有害物质限量	HJ/T 414—2007《环境标志技术要求 室内装饰装修用溶剂型木器涂料》 HJ 2537—2014《环境标志技术要求 水性涂料》 GB 18582—2008室内装饰装修材料 内墙涂料中有害物质限量 GB 24408—2009建筑用外墙涂料中有害物质限量
澳大利亚环境友好选择标志标准：色漆和涂料	PCv2.2ii-2012	消耗臭氧物质	Ozone Depleting Substances	%	涂料	建筑涂料（内用和外用）	申请人按标准要求提交	—	HJ/T 414—2007《环境标志技术要求 室内装饰装修用溶剂型木器涂料》 HJ 2537—2014《环境标志技术要求 水性涂料》 GB 18582—2008室内装饰装修材料 内墙涂料中有害物质限量 GB 24408—2009建筑用外墙涂料中有害物质限量

附表3（续）

国际、国外标准名称	标准编号	安全指标中文名称	安全指标英文名称	安全指标单位	适用产品类别（大类）	适用的具体产品名称（小类）	安全指标对应的检测方法标准（名称、编号）	检测方法标准对应的国家标准（名称、编号）	国际标准对应的国家标准（名称、编号）
澳大利亚环境友好选择标志标准：色漆和涂料	PCv2.2ii-2012	VOC	Volatile Organic Compounds(VOC)	g/L	涂料	建筑涂料（内用和外用）	申请人按标准要求提交	GB/T 23986—2009《色漆和清漆 挥发性有机化合物（VOC）含量的测定-气相色谱法》	HJ/T 414—2007《环境标志技术要求 室内装饰装修用溶剂型木器涂料》 HJ 2537—2014《环境标志技术要求 水性涂料》 GB 18582—2008室内装饰装修材料 内墙涂料中有害物质限量 GB 24408—2009建筑用外墙涂料中有害物质限量
		禁用物质（甲醛、乙醛和甲醛供体、邻苯二甲酸酯、1,3-丁二烯、双酚A、甲苯及其化合物、结晶石英、烷基酚化合物）	Prohibited Substances (Formaldehyde, formaldehyde donors and aldehydes; Phthalates; Isoaliphates; 1,3 butadiene; Bisphenol A; Toluene and toluene compounds; Crystalline quartz silica; Alkylphenolic compounds including alkylphenol ethoxylates and alkylphenol alkoxylates)	%				—	

附表3（续）

国际、国外标准名称	标准编号	安全指标中文名称	安全指标英文名称	安全指标单位	适用产品类别（大类）	适用的具体产品名称（小类）	安全指标对应的检测方法标准（名称、编号）	检测方法标准对应的国家标准（名称、编号）	国际标准对应的国家标准（名称、编号）
澳大利亚含铅和其他元素的玩具和指印涂料强制性限量标准	/	可溶性锑 可溶性砷 可溶性钡 可溶性镉 可溶性铬 可溶性铅 可溶性汞 可溶性硒	Soluble antimony(Sb) soluble arsenic(As) soluble barium(Ba) soluble cadmium(Cd) soluble chromium(Cr) soluble lead(Pb) soluble mercury(Hg) soluble selenium(Se)	mg/kg	涂料	玩具涂层和指印涂料	AS/NZS ISO 8124.3:2012 玩具安全-第3部分：特定元素的迁移	GB 6675.3—2014玩具安全 第4部分：特定元素的迁移	GB 6675.3—2014玩具安全 第4部分：特定元素的迁移
日本建筑基准法实施令	建筑基准法实施令	甲醛	formaldehyde	mg/m^3	建筑	建筑涂料	—	GB/T 23993—2009水性涂料中甲醛含量的测定 乙酰丙酮分光光度法	—
日本环境协会第126类生态标志产品：涂料	第126类生态标志产品	芳烃溶剂	Aromatic solvents	g/L	各类涂料，喷雾型除外	溶剂型涂料、水性涂料	气相色谱法	GB/T 23986—2009《色漆和清漆 挥发性有机化合物（VOC）含量的测定-气相色谱法》	
		卤代烃	Chlorhydrocarbon						
		挥发性有机化合物	volatile organic compounds (VOC)						

附表3（续）

国际、国外标准名称	标准编号	安全指标中文名称	安全指标英文名称	安全指标单位	适用产品类别（大类）	适用的具体产品名称（小类）	安全指标对应的检测方法标准（名称、编号）	检测方法标准对应的国家标准（名称、编号）	国际标准对应的国家标准（名称、编号）
中国香港《空气污染管制（挥发性有机化合物）规例》	《空气污染管制（挥发性有机化合物）规例》	挥发性有机化合物	volatile organic compounds(VOC)	g/L	涂料	建筑涂料 船舶涂料	EPA method 24	GB/T 23986—2009《色漆和清漆 挥发性有机化合物（VOC）含量的测定-气相色谱法》	GB 18582—2008《室内装饰装修材料 内墙涂料中有害物质限量》 GB 24408—2009《建筑用外墙涂料中有害物质限量》 GB 18581—2009《室内装饰装修材料 溶剂型木器涂料中有害物质限量》等
玩具安全——第3部分：特定元素的迁移	AS/NZS ISO 8124.3:2012 ISO 8124-3：2010 EN 71-3：2013 BS EN 71-3：2013 DIN EN 71-3：2013	可迁移元素最大限量（锑Sb）	Maximum migrated Element (antimony Sb)	mg/kg	涂料	玩具涂层	ISO 8124-3：2010 EN 71-3：2013 BS EN 71-3：2013 DIN EN 71-3：2013 玩具安全——第3部分：特定元素的迁移	GB 6675.3—2014玩具安全 第4部分：特定元素的迁移	GB 6675.3—2014玩具安全 第4部分：特定元素的迁移
		可迁移元素最大限量（砷As）	Maximum migrated Element (Arsenic As)						
		可迁移元素最大限量（钡Ba）	Maximum migrated Element (Barium Ba)						
		可迁移元素最大限量（镉Cd）	Maximum migrated Element (Cadmium Cd)						

附表3（续）

国际、国外标准名称	标准编号	安全指标中文名称	安全指标英文名称	安全指标单位	适用产品类别（大类）	适用的具体产品名称（小类）	安全指标对应的检测方法标准（名称、编号）	检测方法标准对应的国家标准（名称、编号）	国际标准对应的国家标准（名称、编号）
玩具安全——第3部分：特定元素的迁移	AS/NZS ISO 8124.3:2012 ISO 8124-3：2010 EN 71-3：2013 BS EN 71-3：2013 DIN EN 71-3：2013	可迁移元素最大限量（铬Cr）	Maximum migrated Element (Chromium Cr)	mg/kg	涂料	玩具涂层	ISO 8124-3：2010 EN 71-3：2013 BS EN 71-3：2013 DIN EN 71-3：2013 玩具安全——第3部分：特定元素的迁移	GB 6675.3—2014玩具安全 第4部分：特定元素的迁移	GB 6675.3—2014玩具安全 第4部分：特定元素的迁移
		可迁移元素最大限量（铅Pb）	Maximum migrated Element(Lead Pb)						
		可迁移元素最大限量（汞Hg）	Maximum migrated Element (Mercury Hg)						
		可迁移元素最大限量（硒Se）	Maximum migrated Element (Selenium Se)						
玩具安全性消费品安全规范	ASTM F963-2011	可迁移元素最大限量（锑Sb）	Maximum migrated Element (antimony Sb)	mg/kg	涂料	儿童玩具涂层	ASTM F963-2011 玩具安全性消费品安全规范	GB 6675.3—2014玩具安全 第4部分：特定元素的迁移 GB/T 30647—2014涂料中的有害元素总含量的测定	GB 6675.3—2014玩具安全 第4部分：特定元素的迁移 GB 24613—2009《玩具用涂料中有害物质限量》
		可迁移元素最大限量（砷As）	Maximum migrated Element (Arsenic As)						

附表3（续）

国际、国外标准名称	标准编号	安全指标中文名称	安全指标英文名称	安全指标单位	适用产品类别（大类）	适用的具体产品名称（小类）	安全指标对应的检测方法标准（名称、编号）	检测方法标准对应的国家标准（名称、编号）	国际标准对应的国家标准（名称、编号）
玩具安全性消费品安全规范	ASTM F963-2011	可迁移元素最大限量（钡Ba）	Maximum migrated Element (Barium Ba)						
		可迁移元素最大限量（镉Cd）	Maximum migrated Element (Cadmium Cd)						
		可迁移元素最大限量（铬Cr）	Maximum migrated Element (Chromium Cr)						
		可迁移元素最大限量（铅Pb）	Maximum migrated Element(Lead Pb)						
		可迁移元素最大限量（汞Hg）	Maximum migrated Element (Mercury Hg)						
		可迁移元素最大限量（硒Se）	Maximum migrated Element (Selenium Se)						

附表3（续）

国际、国外标准名称	标准编号	安全指标中文名称	安全指标英文名称	安全指标单位	适用产品类别（大类）	适用的具体产品名称（小类）	安全指标对应的检测方法标准（名称、编号）	检测方法标准对应的国家标准（名称、编号）	国际标准对应的国家标准（名称、编号）
玩具安全性消费品安全规范	ASTM F963-2011	总铅（Pb）（相对于干漆膜质量）	Total Lead(Pb)						
香港环境标志计划产品	GL-008-010 涂料环境标准	镉 六价铬 铅 汞	Cadmium(Cd) Hexavalent chromium (Cr^{6+}) Lead(Pb) Mercury(Hg)	mg/kg	涂料	溶剂型涂料、水性涂料	US EPA方法	GB 24408—2009中附录E外墙涂料中铅、镉、汞含量的测试；附录F外墙涂料中六价铬含量的测试	GB 18582—2008《室内装饰装修材料 内墙涂料中有害物质限量》 GB 24408—2009《建筑用外墙涂料中有害物质限量》 GB 18581—2009《室内装饰装修材料 溶剂型木器涂料中有害物质限量》
		芳烃化合物	Aromatic compounds	%	涂料	溶剂型涂料、水性涂料	US EPA方法	GB/T 23992—2009涂料中氯代烃含量的测定气相色谱法	
		卤代烃（包括DCM和1,1,1-三氯乙烷）	Halogenated solvents (including DCM and 1,1,1-Trichloroethane)	mg/L或%					
		挥发性有机化合物	volatile organic compounds	g/L	涂料	室内室外水性涂料、溶剂型涂料	US EPA方法	GB/T 23986—2009《色漆和清漆 挥发性有机化合物（VOC）含量的测定-气相色谱法》	
		甲醛	Formaldehyde	%				GB23993—2009水性涂料中甲醛的测定乙酰丙酮分光光度法	

附表3（续）

国际、国外标准名称	标准编号	安全指标中文名称	安全指标英文名称	安全指标单位	适用产品类别（大类）	适用的具体产品名称（小类）	安全指标对应的检测方法标准（名称、编号）	检测方法标准对应的国家标准（名称、编号）	国际标准对应的国家标准（名称、编号）
香港环境标志计划产品	GL-008-010 涂料环境标准	镉（Cd）	Cadmium(Cd)	%	涂料	包装材料	IEC62321:2008《电子电气产品 六种限用物质（铅、汞、镉、六价铬、多溴联苯和多溴二苯醚）的测定》	GB/T 26125—2011《电子电气产品 六种限用物质（铅、汞、镉、六价铬、多溴联苯和多溴二苯醚）的测定》	信息产业部第39号令《电子信息产品污染控制管理办法》
		铅（Pb）	Lead(Pb)						
		汞（Hg）	Mercury(Hg)						
		六价铬（Cr^{6+}）	Hexavalent Chromium (Cr^{6+})						
		多溴联苯（PBBs）	Polybrominated biphenyls(PBBs)						
		多溴联苯醚	Polybrominated diphenyl ethers(PBDEs)						
德国蓝天使计划 环境标志标准	RAL-UZ 102 低排放墙面漆	镉 六价铬 铅	Cadmium(Cd) Hexavalent chromium(Cr^{6+}) Lead(Pb)	mg/kg	涂料	乳胶漆、含硅酸盐的油漆、含硅酸盐的乳胶漆	—	GB 24408—2009中附录E外墙涂料中铅、镉、汞含量的测试；附录F外墙涂料中六价铬含量的测试	GB 18582—2008《室内装饰装修材料 内墙涂料中有害物质限量》 GB 24408—2009《建筑用外墙涂料中有害物质限量》
		挥发性有机化合物	volatile organic compounds(VOC)	g/L				GB/T 23986—2009《色漆和清漆 挥发性有机化合物（VOC）含量的测定-气相色谱法》	
		甲醛	formaldehyde	%				GB23993-2009水性涂料中甲醛的测定 乙酰丙酮分光光度法	

附表4　国际标准或国外先进标准信息采集表（方法标准）

国际、国外标准名称	标准编号	安全指标中文名称	安全指标英文名称	安全指标单位	适用产品类别（大类）	适用的具体产品名称（小类）	安全指标对应的检测方法标准（名称、编号）	检测方法标准对应的国家标准（名称、编号）	国际标准对应的国家标准（名称、编号）
色漆和清漆——“可溶性”金属含量的测定——第1部分：铅含量的测定——火焰原子吸收光谱法和双硫腙分光光度法	ISO 3856.1—1984	可溶性铅Pb	Soluble Lead	%	涂料	色漆和清漆			GB/T 9758.1—1988 色漆和清漆“可溶性”金属含量的测定　第1部分：铅含量的测定　火焰原子吸收光谱法和双硫腙分光光度法
色漆和清漆——“可溶性”金属含量的测定——第2部分：锑含量的测定——火焰原子吸收光谱法和若丹明B分光光度法	ISO 3856.2—1984	可溶性锑Sb	Soluble Antimony	%	涂料	色漆和清漆			GB/T 9758.2—1988 色漆和清漆　“可溶性”金属含量的测定　第2部分：锑含量的测定　火焰原子吸收光谱法和若丹明B分光光度法
色漆和清漆——“可溶性”金属含量的测定——第3部分：钡含量的测定——火焰原子发射光谱法	ISO 3856.3—1984	可溶性钡Ba	Soluble Barium	%	涂料	色漆和清漆			GB/T 9758.3—1988 色漆和清漆　“可溶性”金属含量的测定　第3部分：钡含量的测定　火焰原子发射光谱法
色漆和清漆——“可溶性”金属含量的测定——第4部分：镉含量的测定——火焰原子吸收光谱法和极谱法	ISO 3856.4—1984	可溶性镉Cd	Soluble Cadmium	%	涂料	色漆和清漆			GB/T 9758.4—1988 色漆和清漆　“可溶性”金属含量的测定　第4部分：镉含量的测定　火焰原子吸收光谱法和极谱法

附表4（续）

国际、国外标准名称	标准编号	安全指标中文名称	安全指标英文名称	安全指标单位	适用产品类别（大类）	适用的具体产品名称（小类）	安全指标对应的检测方法标准（名称、编号）	检测方法标准对应的国家标准（名称、编号）	国际标准对应的国家标准（名称、编号）
色漆和清漆——“可溶性”金属含量的测定——第5部分：液态或粉末状色漆的颜料部分中六价铬含量的测定——二苯卡巴肼分光光度法	ISO 3856.5—1984	六价铬Cr6+	Hexavalent Chromium	%	涂料	色漆和清漆			GB/T 9758.5—1988色漆和清漆 “可溶性”金属含量的测定 第5部分：液态色漆的颜料部分或粉末状色漆中六价铬含量的测定 二苯卡巴肼分光光度法
色漆和清漆——“可溶性”金属含量的测定——第6部分：色漆的液体部分中铬总含量的测定——火焰原子吸收光谱法	ISO 3856.6—1984	总铬Cr	Total Chromium	%	涂料	色漆和清漆			GB/T 9758.6—1988 色漆和清漆 “可溶性”金属含量的测定 第6部分：色漆的液体部分中铬总含量的测定 火焰原子吸收光谱法
色漆和清漆——“可溶性”金属含量的测定——第7部分：色漆的颜料部分和水稀释性色漆的液体部分中汞含量的测定——无焰原子吸收光谱法	ISO 3856.7—1984	可溶性汞Hg	Soluble Mercury	%	涂料	色漆和清漆			GB/T 9758.7—1988色漆和清漆 “可溶性”金属含量的测定 第7部分：色漆的颜料部分和水可稀释性漆的液体部分中汞含量的测定 无焰原子吸收光谱法
色漆和清漆 总铅含量的测定 火焰原子吸收光谱法	ISO 6503—1984	总铅Pb	Total Lead	%	涂料	色漆和清漆			GB/T 13452.1—1992色漆和清漆 总铅含量的测定 火焰原子吸收光谱法

附表4（续）

国际、国外标准名称	标准编号	安全指标中文名称	安全指标英文名称	安全指标单位	适用产品类别（大类）	适用的具体产品名称（小类）	安全指标对应的检测方法标准（名称、编号）	检测方法标准对应的国家标准（名称、编号）	国际标准对应的国家标准（名称、编号）
色漆和清漆用漆基异氰酸酯树脂中二异氰酸酯单体的测定	ISO 10283:2007 EN ISO 10283:2007 BS EN ISO 10283:2007 DIN EN ISO 10283:2007 NF EN ISO 10283:2007	二异氰酸酯单体	Monomeric diisocyanates	%	色漆和清漆用漆基	异氰酸酯树脂			GB/T 18446—2009色漆和清漆用漆基 异氰酸酯树脂中二异氰酸酯单体的测定
色漆和清漆——防污漆中生物毒料释放速率的测定——第1部分：生物毒料萃取的通用方法	ISO 15181-1:2007 EN ISO 15181-1:2007 BS EN ISO 15181-1:2007 DIN EN ISO 15181-1:2007 NF EN ISO 15181-1:2007	生物毒料萃取方法	extraction of biocides	—	涂料	防污漆			
色漆和清漆——防污漆中生物毒料释放速率的测定——第2部分：萃取液中铜离子浓度的测定和释放速率的计算	ISO 15181-2:2007 EN ISO 15181-2：2007 BS EN ISO 15181-2:2007 DIN EN ISO 15181-2:2007 NF EN ISO 15181-2:2007	铜离子释放速率	release rate of cupper-ion	μg/(cm^2·d)	涂料	防污漆			GB/T 6824—2008船底防污漆铜离子渗出率测定法
色漆和清漆—防污漆中生物毒料释放速率的测定—— 第3部分：通过测定萃取液中乙撑硫脲的浓度来计算乙撑双氨荒酸锌（代森锌）的释放速率	ISO 15181-3:2007 EN ISO 15181-3：2007 BS EN ISO 15181-3:2007 DIN EN ISO 15181-3:2007 NF EN ISO 15181-3:2007	代森锌释放速率	release rate of zinc ethylene-bis(dithiocarbamate)(zineb)	μg/(cm^2·d)	涂料	防污漆			

附表4（续）

国际、国外标准名称	标准编号	安全指标中文名称	安全指标英文名称	安全指标单位	适用产品类别（大类）	适用的具体产品名称（小类）	安全指标对应的检测方法标准（名称、编号）	检测方法标准对应的国家标准（名称、编号）	国际标准对应的国家标准（名称、编号）
色漆和清漆—防污漆中生物毒料释放速率的测定——第4部分：萃取液中吡啶三苯基硼（PTPB）浓度的测定和释放速率的计算	ISO 15181-4:2008 EN ISO15181-4:2008 BS EN ISO 15181-4:2008 DIN EN ISO 15181-4:2008 NF EN ISO 15181-4:2008	PTPB 释放速率	release rate of pyridine-triphenylborane(PTPB)	μg/(cm^2·d)	涂料	防污漆			—
色漆和清漆—防污漆中生物毒料释放速率的测定——第5部分：通过测定萃取液中DMST和DMSA的浓度来计算甲苯氟磺胺和苯氟磺胺的释放速率	ISO 15181-5:2008 EN ISO15181-5:2008 BS EN ISO 15181-5:2008 DIN EN ISO 15181-5:2008 NF EN ISO 15181-5:2008	甲苯氟磺胺和苯氟磺胺释放速率	release rate of tolylfluanid and dichlofluanid	μg/(cm^2·d)	涂料	防污漆			—
色漆和清漆—防污漆中生物毒料释放速率的测定——第6部分：通过测定萃取液中降解物的浓度来计算溴代吡咯腈的释放速率	ISO 15181-6:2014 EN ISO 15181-6:2014 BS EN ISO 15181-6:2014	溴代吡咯腈释放速率	release rate of tralopyril	μg/(cm^2·d)	涂料	防污漆			
色漆和清漆 低VOC乳胶漆中挥发性有机化合物（罐内VOC）含量的测定	ISO 17895-2005 EN ISO17895-2005 BS EN ISO 17895-2005 DIN EN ISO 17895-2005 NF EN ISO 17895-2006	挥发性有机化合物含量	Votatile organic compound content (VOC)	mg/kg	涂料	乳胶漆			GB/T 23984—2009色漆和清漆 低VOC乳胶漆中挥发性有机化合物（罐内VOC）含量的测定

附表4（续）

国际、国外标准名称	标准编号	安全指标中文名称	安全指标英文名称	安全指标单位	适用产品类别（大类）	适用的具体产品名称（小类）	安全指标对应的检测方法标准（名称、编号）	检测方法标准对应的国家标准（名称、编号）	国际标准对应的国家标准（名称、编号）
色漆和清漆 挥发性有机化合物（VOC）含量的测定 差值法	ISO 11890-1:2007 EN ISO 11890-1:2007 BS EN ISO 11890-1:2007 DIN EN ISO 11890-1:2007 NF EN ISO 11890-1:2007	挥发性有机化合物含量	Votatile organic compound content (VOC)	g/L（方法1）、%（方法2和方法3）	涂料	色漆、清漆及其原材料			GB/T 23985—2009色漆和清漆 挥发性有机化合物（VOC）含量的测定—第1部分差值法
色漆和清漆 挥发性有机化合物（VOC）含量的测定 气相色谱法	ISO 11890-2:2013 EN ISO 11890-2:2013 BS EN ISO 11890-2:2013 DIN EN ISO 11890-2:2013 NF EN ISO 11890-2:2013	挥发性有机化合物含量	Votatile organic compound content (VOC)	g/L（方法1）、%（方法2和方法3）	涂料	色漆、清漆及其原材料			GB/T 23986—2009色漆和清漆 挥发性有机化合物（VOC）含量的测定—第2部分气相色谱法

附表5 标准指标数据对比表

产品类别	产品危害类别	安全指标中文名称	安全指标英文名称	安全指标对应的国家标准				安全指标对应的国际标准或国外标准				安全指标差异情况
				名称、编号	安全指标要求	安全指标单位	检测标准名称、编号	名称、编号	安全指标要求	安全指标单位	安全指标对应的检测标准名称、编号	
室内装饰装修用溶剂型木器涂料	化学	挥发性有机化合物（VOC）	Volatile Organic Compound(VOC)	GB18581—2009室内装饰装修材料溶剂型木器	溶剂型木器涂料（硝基类涂料）：≤720	g/L	GB18581—2009中5.2.1	2004/42/EC欧盟指令	木材内外用贴框或包覆物涂料≤400；内用/外用贴框清漆和木器着色料，包括不透明木器着色料≤500	g/L	ASTM D2369: 2003《涂料中不挥发物含量的测试方法》	严于国标
					溶剂型木器涂料（聚氨酯类涂料）（面漆）：光							

附表5（续）

产品类别	产品危害类别	安全指标中文名称	安全指标英文名称	安全指标对应的国家标准				安全指标对应的国际标准或国外标准				安全指标差异情况
				名称、编号	安全指标要求	安全指标单位	检测标准名称、编号	名称、编号	安全指标要求	安全指标单位	安全指标对应的检测标准名称、编号	
室内装饰装修用溶剂型木器涂料	化学	挥发性有机化合物（VOC）	Volatile Organic Compound(VOC)	涂料中有害物质限量	泽（60°）≥80，指标≤580；光泽（60°）<80，指标≤670	g/L	GB18581—2009中5.2.1	2004/42/EC欧盟指令	木材内外用贴框或包覆物涂料≤400；内用/外用贴框清漆和木器着色料，包括不透明木器着色料≤500	g/L	ASTM D2369:2003《涂料中不挥发物含量的测试方法》	严于国标
					溶剂型木器涂料（聚氨酯类涂料）（底漆）：≤670							
					溶剂型木器涂料（醇酸类涂料）：≤500							
		苯	Benzene		≤0.3	%	GB18581—2009中附录B	GL-008-010香港涂料环境标准	苯+甲苯+二甲苯+乙苯总和≤0.01	g/L	气相色谱法	严于国标
		甲苯、乙苯和二甲苯总和	Total of toluene, ethyl benzene and xylene		溶剂型木器涂料（硝基漆类、聚氨酯类涂料）：≤30	%						
					溶剂型木器涂料（醇酸类涂料）：≤5							
		卤代烃含量	Halohydrocarbon		≤0.1	%	GB18581—2009中附录C		0.01	%		
		甲醇含量	Methanol content		溶剂型木器涂料（硝基类涂料、硝基类腻子）：≤0.3	%	GB18581—2009中附录B	—	—	—	—	宽于国标
		游离二异氰酸酯（TDI和	Total of free diisocyanates(TDI and HDI)		溶剂型木器涂料（聚氨酯类涂料）：≤0.4	%	GB/T18446—2009色漆和清漆	—	—	—	ISO 10283：2007色漆和清漆用漆基 异氰酸	

附表5（续）

产品类别	产品危害类别	安全指标中文名称	安全指标英文名称	安全指标对应的国家标准				安全指标对应的国际标准或国外标准				安全指标差异情况
				名称、编号	安全指标要求	安全指标单位	检测标准名称、编号	名称、编号	安全指标要求	安全指标单位	安全指标对应的检测标准名称、编号	
室内装饰装修用溶剂型木器涂料	化学	HDI）含量总和					用漆基异氰酸酯树脂中二异氰酸酯单体的测定	—	—	—	酯树脂中二异氰酸酯单体的测定	
		重金属（限色漆、腻子和醇酸清漆）	Content of heavy metal			mg/kg	GB/T 18582—2008中附录D	—	—	—	—	—
								—	—	—	—	—
		可溶性铅（Pb）	Soluble Lead(Pb)		≤90			—	—	—	—	—
		可溶性镉（Cd）	Soluble Cadmium(Cd)		≤75			—	—	—	—	—
		可溶性铬（Cr）	Soluble Chromium(Cr)		≤60			—	—	—	—	—
		可溶性汞（Hg）	Soluble Mercury(Hg)		≤60			—	—	—	—	—
内墙涂料	化学	挥发性有机化合物（VOC）	Volatile Organic Compound(VOC)	GB 18582—2008室内装饰装修材料内墙涂料中	内墙涂料（水性墙面涂料）：≤120	g/L	GB18582—2008中附录A和附录B	2004/42/EC欧盟指令	室内无光墙面或天花板涂料≤30；室内无光墙面或天花板涂料≤100	g/L	ASTM D2369：2003《涂料中不挥发物含量的测试方法》	严于国标
					内墙涂料（水性墙面腻子）：≤15	g/kg						

附表5（续）

产品类别	产品危害类别	安全指标中文名称	安全指标英文名称	安全指标对应的国家标准				安全指标对应的国际标准或国外标准				安全指标差异情况
				名称、编号	安全指标要求	安全指标单位	检测标准名称、编号	名称、编号	安全指标要求	安全指标单位	安全指标对应的检测标准名称、编号	
内墙涂料	化学	苯、甲苯、乙苯和二甲苯总和	Total of benzene,toluene,ethyl benzene and xylene	有害物质限量	内墙涂料（水性墙面涂料、水性墙面腻子）：≤300	mg/kg	GB18582—2008中附录A	GL-008-010香港涂料环境标准	苯+甲苯+二甲苯+乙苯总和≤0.01	%	—	严于国标
		游离甲醛	Free Formaldehyde		内墙涂料（水性墙面涂料、水性墙面腻子）：≤100	mg/kg	GB18582—2008中附录C		≤0.01	%	—	与国标一致
		重金属（限色漆、腻子和醇酸清漆）	Content of heavy metal			mg/kg	GB/T 18582—2008中附录D	—	—	—	—	宽于国标
								—	—	—	—	
		可溶性铅（Pb）	Soluble Lead(Pb)		≤90			—	—	—	—	
		可溶性镉（Cd）	Soluble Cadmium(Cd)		≤75			—	—	—	—	
		可溶性铬（Cr）	Soluble Chromium(Cr)		≤60			—	—	—	—	
		可溶性汞（Hg）	Soluble Mercury(Hg)		≤60			—	—	—	—	
建筑涂料用乳液	化学	挥发性有机化合物（VOC）	Volatile Organic Compound(VOC)	GB/T 20623—2006建筑涂料用乳液	内墙涂料用乳液：≤30	g/L	GB18582—2001中附录A	—	—	—	—	宽于国标

附表5（续）

产品类别	产品危害类别	安全指标中文名称	安全指标英文名称	安全指标对应的国家标准				安全指标对应的国际标准或国外标准				安全指标差异情况
				名称、编号	安全指标要求	安全指标单位	检测标准名称、编号	名称、编号	安全指标要求	安全指标单位	安全指标对应的检测标准名称、编号	
建筑涂料用乳液	化学	残余单体总和	total of residual monomers		建筑涂料用乳液：≤0.10	%	GB/T 20623—2006中附录A	—	—	—	—	
		游离甲醛	Free Formaldehyde		内墙涂料用乳液：≤0.08	g/kg	GB18582—2001中附录B	—	—	—	—	
铅笔涂层	化学	锑Sb	Antimon Sb	GB 8771—2007铅笔涂层中可溶性元素最大限量	≤60	mg/kg	GB 6675—2003中附录C特定元素的迁移	ISO 8124-3:1997玩具安全——第3部分：特定元素的迁移	≤60	mg/kg	ISO 8124-3:1997玩具安全——第3部分：特定元素的迁移	与国标一致
		砷As	Arsenic As		≤25	mg/kg			≤25			
		钡Ba	Barium Ba		≤1000	mg/kg			≤1000			
		镉Cd	Cadmium Cd		≤75	mg/kg			≤75			
		铬Cr	Chromium Cd		≤60	mg/kg			≤60			
		铅Pb	Lead Pb		≤90	mg/kg			≤90			
		汞Hg	Mercury Hg		≤60	mg/kg			≤60			
		硒Se	Selenium Se		≤500	mg/kg			≤500			
建筑用外墙涂料	化学	挥发性有机化合物含量（VOC）	Volatile Organic Compound(VOC) content	GB 24408—2009建筑用外墙涂料中有害物质限量	溶剂型外墙涂料（包括底漆和面漆）（色漆类）：≤680	g/L	GB24408—2009中附录C	2004/42/EC欧盟指令	外墙无机底材涂料：水性≤40；溶剂型≤430	g/L	ASTM D2369：2003《涂料中不挥发物含量的测试方法》	严于国标
					溶剂型外墙涂料（包括底漆和面漆）（清漆类）：≤700							

附表5（续）

产品类别	产品危害类别	安全指标中文名称	安全指标英文名称	安全指标对应的国家标准：名称、编号	安全指标对应的国家标准：安全指标要求	安全指标对应的国家标准：安全指标单位	安全指标对应的国家标准：检测标准名称、编号	安全指标对应的国际标准或国外标准：名称、编号	安全指标对应的国际标准或国外标准：安全指标要求	安全指标对应的国际标准或国外标准：安全指标单位	安全指标对应的国际标准或国外标准：安全指标对应的检测标准名称、编号	安全指标差异情况
建筑用外墙涂料	化学	挥发性有机化合物含量（VOC）	Volatile Organic Compound(VOC) content	GB 24408—2009建筑用外墙涂料中有害物质限量	溶剂型外墙涂料（包括底漆和面漆）（闪光漆类）：≤760	g/L	GB24408—2009中附录A、B	2004/42/EC欧盟指令	外墙无机底材涂料：水性≤40；溶剂型≤430	g/L	ASTM D2369：2003《涂料中不挥发物含量的测试方法》	严于国标
建筑用外墙涂料	化学	挥发性有机化合物含量（VOC）	Volatile Organic Compound(VOC) content	GB 24408—2009建筑用外墙涂料中有害物质限量	水性外墙涂料（底漆）：≤120	g/L	GB24408—2009中附录A、B	2004/42/EC欧盟指令	外墙无机底材涂料：水性≤40；溶剂型≤430	g/L	ASTM D2369：2003《涂料中不挥发物含量的测试方法》	严于国标
建筑用外墙涂料	化学	挥发性有机化合物含量（VOC）	Volatile Organic Compound(VOC) content	GB 24408—2009建筑用外墙涂料中有害物质限量	水性外墙涂料（面漆）：≤150	g/L	GB24408—2009中附录A、B	2004/42/EC欧盟指令	外墙无机底材涂料：水性≤40；溶剂型≤430	g/L	ASTM D2369：2003《涂料中不挥发物含量的测试方法》	严于国标
建筑用外墙涂料	化学	挥发性有机化合物含量（VOC）	Volatile Organic Compound(VOC) content	GB 24408—2009建筑用外墙涂料中有害物质限量	水性外墙涂料（腻子）：≤15	g/kg	GB24408—2009中附录A、B	2004/42/EC欧盟指令	外墙无机底材涂料：水性≤40；溶剂型≤430	g/L	ASTM D2369：2003《涂料中不挥发物含量的测试方法》	严于国标
建筑用外墙涂料	化学	苯含量	Benzene content	GB 24408—2009建筑用外墙涂料中有害物质限量	溶剂型外墙涂料（包括底漆和面漆）（色漆类、清漆类）：≤0.3	%	GB24408—2009中附录D	GL-008-010香港涂料环境标准	苯+甲苯+二甲苯+乙苯总和≤0.01	%	—	严于国标
建筑用外墙涂料	化学	甲苯、乙苯和二甲苯含量总和	Total of toluene ethyl benzene and xylene	GB 24408—2009建筑用外墙涂料中有害物质限量	溶剂型外墙涂料（包括底漆和面漆）（色漆类、清漆类）：≤40	%	GB24408—2009中附录D	GL-008-010香港涂料环境标准	苯+甲苯+二甲苯+乙苯总和≤0.01	%	—	严于国标
建筑用外墙涂料	化学	游离甲醛含量	Free Formaldehyde content	GB 24408—2009建筑用外墙涂料中有害物质限量	水性外墙涂料（底漆、面漆、腻子）：≤100	mg/kg	GB23993—2009	GL-008-010香港涂料环境标准	≤0.01	%	—	与国标一致

附表5（续）

产品类别	产品危害类别	安全指标中文名称	安全指标英文名称	安全指标对应的国家标准				安全指标对应的国际标准或国外标准				安全指标差异情况
				名称、编号	安全指标要求	安全指标单位	检测标准名称、编号	名称、编号	安全指标要求	安全指标单位	安全指标对应的检测标准名称、编号	
建筑用外墙涂料	化学	游离二异氰酸酯（TDI和HDI）含量总和	Total of free diisocyanates(TDI and HDI)	GB 24408—2009建筑用外墙涂料中有害物质限量	溶剂型外墙涂料（包括底漆和面漆）（色漆类、清漆类）（限以异氰酸酯作为固化剂的溶剂型外墙涂料）：≤0.4	%	GB/T 18446—2009色漆和清漆用漆基异氰酸酯树脂中二异氰酸酯单体的测定				ISO 10283：2007色漆和清漆用漆基 异氰酸酯树脂中二异氰酸酯单体的测定	宽于国标
		乙二醇醚及醚酯含量总和（限乙二醇甲醚、乙二醇甲醚醋酸酯、乙二醇乙醚、乙二醇乙醚醋酸酯、二乙二醇丁醚醋酸酯）	Total of ethylene glycol ethers and ether esters(only ethylene glycol monomethyl ether, ethylene glycol monomethyl ether acetate, ethylene glycol ethyl ether, ethylene glycol monoethyl ether acetate, diethylene glycol monobutyl ether acetate were limited)		溶剂型外墙涂料（包括底漆和面漆）（色漆类、清漆类）水性外墙涂料（底漆、面漆、腻子）：≤0.03	%	GB 24408—2009中6.2.2	—	—	—	—	宽于国标
		重金属含量（限色漆）	Content of heavy metal		溶剂型外墙涂料（包括底漆和面漆）（色漆类、清漆类）水性外墙涂料（底漆、面漆、腻子）：	mg/kg	GB 24408—2009中6.2.7	GL-008-010香港涂料环境标准		mg/kg	检查测试报告	严于国标

附表5（续）

产品类别	产品危害类别	安全指标中文名称	安全指标英文名称	安全指标对应的国家标准				安全指标对应的国际标准或国外标准				安全指标差异情况
				名称、编号	安全指标要求	安全指标单位	检测标准名称、编号	名称、编号	安全指标要求	安全指标单位	安全指标对应的检测标准名称、编号	
建筑用外墙涂料	化学	铅（Pb）	Soluble Lead(Pb)		≤1000				铅（Pb）≤200			
		镉（Cd）	Soluble Cadmium(Cd)		≤100				镉（Cd）≤100			
		六价铬（Cr^{6+}）	Soluble hexavalent Chromium(Cr^{6+})		≤1000				六价铬（Cr^{6+}）≤200			
		汞（Hg）	Soluble Mercury(Hg)		≤1000				汞（Hg）≤200			
汽车涂料	化学	挥发性有机化合物含量（VOC）	Volatile Organic Compound(VOC) content	GB 24409—2009汽车涂料中有害物质限量	溶剂型涂料（热塑型（底漆、中涂、底色漆（效应颜料漆、实色漆）、罩光清漆和本色面漆：≤770	g/L	GB24409—2009中附录A	2004/42/EC欧盟指令	各种类型面漆≤420	g/L	ASTM D2369：2003《涂料中不挥发物含量的测试方法》	严于国标
					溶剂型涂料（单组分交联型）（底漆）：≤750							
					溶剂型涂料（单组分交联型）（中涂）：≤550							
					溶剂型涂料（单组分交联型）（底色漆（效应颜料漆、实色漆））：≤750							
					底色漆（罩光清漆、本色面漆）：≤580							

附表5（续）

产品类别	产品危害类别	安全指标中文名称	安全指标英文名称	安全指标对应的国家标准				安全指标对应的国际标准或国外标准				安全指标差异情况
				名称、编号	安全指标要求	安全指标单位	检测标准名称、编号	名称、编号	安全指标要求	安全指标单位	安全指标对应的检测标准名称、编号	
汽车涂料	化学	挥发性有机化合物含量（VOC）	Volatile Organic Compound(VOC) content	GB 24409—2009汽车涂料中有害物质限量	溶剂型涂料（双组分交联型）（底漆、中涂）：≤670	g/L	GB24409—2009中附录A	2004/42/EC欧盟指令	各种类型面漆≤420	g/L	ASTM D2369：2003《涂料中不挥发物含量的测试方法》	严于国标
					溶剂型涂料（双组分交联型）（底色漆（效应颜料漆、实色漆）：≤750							
					溶剂型涂料（双组分交联型）（罩光清漆）：≤560							
					罩光清漆（本色面漆）：≤630							
		苯含量	Benzene content		溶剂型涂料（热塑型）（单组分交联型）（双组分交联型）（底漆、中涂、底色漆（效应颜料漆、实色漆）、罩光清漆和本色面漆：≤0.3	%	GB24409—2009中附录B	—	—	—	—	宽于国标
		甲苯、乙苯和二甲苯含量总和	Total of toluene ethyl benzene and xylene		溶剂型涂料（热塑型）（单组分交联型）（双组分交联型）（底漆、中涂、底色漆（效应颜料漆、实色漆）、罩光清漆和本色面漆：≤40	%	GB24409—2009中附录B	—	—	—	—	宽于国标

附表5（续）

产品类别	产品危害类别	安全指标中文名称	安全指标英文名称	安全指标对应的国家标准				安全指标对应的国际标准或国外标准				安全指标差异情况
				名称、编号	安全指标要求	安全指标单位	检测标准名称、编号	名称、编号	安全指标要求	安全指标单位	安全指标对应的检测标准名称、编号	
汽车涂料	化学	乙二醇醚及醚酯含量总和（限乙二醇甲醚、乙二醇甲醚醋酸酯、乙二醇乙醚、乙二醇乙醚醋酸酯、二乙二醇丁醚醋酸酯）	Total of ethylene glycol ethers and ether esters(only ethylene glycol monomethyl ether,ethylene glycol monomethyl ether acetate,ethylene glycol ethyl ether,ethylene glycol monoethyl ether acetate,diethylene glycol monobutyl ether acetate were limited)	GB 24409—2009汽车涂料中有害物质限量	溶剂型涂料（热塑型）（单组分交联型）（双组分交联型）（底漆、中涂、底色漆（效应颜料漆、实色漆）、罩光清漆和本色面漆：≤0.03	%	GB24409—2009中附录B	—	—	—	—	宽于国标
					水性涂料（含电泳涂料）：≤0.03		GB24409—2009中附录C	—	—	—	—	宽于国标
		重金属含量（限色漆）	Content of heavy metal		溶剂型涂料（热塑型）（单组分交联型）（双组分交联型）（底漆、中涂、底色漆（效应颜料漆、实色漆）、罩光清漆和本色面漆、水性涂料（含电泳涂料）、粉末、光固化涂料	mg/kg	GB 24408—2009中6.2.4和6.2.5	—	—	—	—	宽于国标
		铅（Pb）	Soluble Lead(Pb)		≤1000							

附表5（续）

产品类别	产品危害类别	安全指标中文名称	安全指标英文名称	安全指标对应的国家标准				安全指标对应的国际标准或国外标准				安全指标差异情况
				名称、编号	安全指标要求	安全指标单位	检测标准名称、编号	名称、编号	安全指标要求	安全指标单位	安全指标对应的检测标准名称、编号	
汽车涂料	化学	镉（Cd）	Soluble Cadmium (Cd)	GB 24409—2009汽车涂料中有害物质限量	≤100	mg/kg	GB 24408—2009中6.2.4和6.2.5	—	—	—	—	宽于国标
		六价铬（Cr^{6+}）	Soluble hexavalent Chromium(Cr)		≤1000							
		汞（Hg）	Soluble Mercury (Hg)		≤1000							
室内装饰装修用水性木器涂料	化学	挥发性有机化合物含量（VOC）	Volatile Organic Compound(VOC) content	GB 24410—2009室内装饰装修材料水性木器涂料中有害物质限量	水性木器涂料：≤300	g/L	GB24410—2009中附录A	2004/42/EC欧盟指令	木材内外用贴框或包覆物涂料≤130；内用/外用贴框清漆和木器着色料，包括不透明木器着色料≤130	g/L	ASTM D2369：2003《涂料中不挥发物含量的测试方法》	严于国标
					水性木器腻子：≤60	g/kg						
		苯系物含量（苯、甲苯、乙苯和二甲苯总和）	Total of Benzene、toluene ethyl benzene and xylene content		水性木器涂料、水性木器腻子：≤300	mg/kg	GB24410—2009中附录A	GL-008-010香港涂料环境标准	苯+甲苯+二甲苯+乙苯总和≤0.01	%	—	严于国标
		游离甲醛含量	Free Formaldehyde content		水性木器涂料、水性木器腻子：≤100	mg/kg	GB18582—2008中附录C		≤0.01	%	—	与国标一致
		乙二醇醚及酯类含量（乙二醇甲醚、	Total of ethylene glycol ethers and ether esters(only		水性木器涂料、水性木器腻子：≤300	mg/kg	GB24410—2009中附录A	—	—	—	—	宽于国标

附表5（续）

产品类别	产品危害类别	安全指标中文名称	安全指标英文名称	安全指标对应的国家标准				安全指标对应的国际标准或国外标准				安全指标差异情况
				名称、编号	安全指标要求	安全指标单位	检测标准名称、编号	名称、编号	安全指标要求	安全指标单位	安全指标对应的检测标准名称、编号	
室内装饰装修用水性木器涂料	化学	乙二醇甲醚醋酸酯、乙二醇乙醚、乙二醇乙醚醋酸酯、二乙二醇丁醚醋酸酯总和）	ethylene glycol monomethyl ether, ethylene glycol monomethyl ether acetate, ethylene glycol ethyl ether, ethylene glycol monoethyl ether acetate,diethylene glycol monobutyl ether acetate were limited)									
		重金属含量（限色漆和腻子）	Content of heavy metal		水性木器涂料、水性木器腻子	mg/kg	GB18582—2008中附录D					宽于国标
		铅（Pb）	Soluble Lead(Pb)		≤90							
		镉（Cd）	Soluble Cadmium (Cd)		≤75							
		铬（Cr）	Soluble Chromium (Cr)		≤60							
		汞（Hg）	Soluble Mercury (Hg)		≤60							

附表5（续）

产品类别	产品危害类别	安全指标中文名称	安全指标英文名称	安全指标对应的国家标准				安全指标对应的国际标准或国外标准				安全指标差异情况
				名称、编号	安全指标要求	安全指标单位	检测标准名称、编号	名称、编号	安全指标要求	安全指标单位	安全指标对应的检测标准名称、编号	
玩具涂料	化学	挥发性有机化合物含量（VOC）	Volatile Organic Compound(VOC) content	GB 24613—2009玩具用涂料中有害物质限量	≤720	g/L	GB 24613—2009中附录D	—	—	—	—	宽于国标
		苯含量	Benzene content		≤0.3	%	GB 24613—2009中附录E	—	—	—	—	宽于国标
		甲苯、乙苯和二甲苯含量总和	Total of toluene ethyl benzene and xylene		≤30	%	GB 24613—2009中附录E	—	—	—	—	宽于国标
		邻苯二甲酸二异壬酯（DINP）、邻苯二甲酸二异癸酯（DIDP）和邻苯二甲酸二辛酯（DNOP）总和	Total of DINP,DIDP and DNOP		≤0.1	%	GB 24613—2009中附录C	2005/84/EC号欧盟指令邻苯二甲酸酯指令	≤0.1	%	—	与国标要求相同
		邻苯二甲酸二异辛酯（DEH	Total of DEHP,DBP and BBP		≤0.1				≤0.1	%	—	与国标要求相同

附表5（续）

产品类别	产品危害类别	安全指标中文名称	安全指标英文名称	安全指标对应的国家标准				安全指标对应的国际标准或国外标准				安全指标差异情况
				名称、编号	安全指标要求	安全指标单位	检测标准名称、编号	名称、编号	安全指标要求	安全指标单位	安全指标对应的检测标准名称、编号	
玩具涂料	化学	P）、邻苯二甲酸二丁酯（DBP）和邻苯二甲酸丁苄酯（BBP）总和	Total of DEHP,DBP and BBP									
		铅（Pb）含量	Soluble Lead(Pb)	GB 24613—2009玩具用涂料中有害物质限量	≤600	mg/kg	GB 24613—2009中附录A	ASTM F963-2011玩具安全性消费品安全规范	≤600	mg/kg	ASTM F963-2011玩具安全性消费品安全规范	与国标要求相同
		可溶性元素含量 锑Sb	Antimon Sb		≤60	mg/kg	GB 24613—2009中附录B		≤60	mg/kg		
		砷As	Arsenic As		≤25				≤25			
		钡Ba	Barium Ba		≤1000				≤1000			
		镉Cd	Cadmium Cd		≤75				≤75			
		铬Cr	Chromium Cd		≤60				≤60			
		铅Pb	Lead Pb		≤90				≤90			
		汞Hg	Mercury Hg		≤60				≤60			
		硒Se	Selenium Se		≤500				≤500			
室内装饰装修	化学	挥发性有机化合物（VOC）	Volatile Organic Compound con-tent(VOC)	HJ/T 414-2007环境标志	硝基类溶剂型涂料（面漆、底漆）：≤700	g/L	HJ/T 414—2007中附录A	GL-008-010香港涂料环境标准	溶剂型涂料≤250	g/L	ASTM D2369：2003《涂料中不挥发物含量的测	严于国标

附表5（续）

产品类别	产品危害类别	安全指标中文名称	安全指标英文名称	安全指标对应的国家标准				安全指标对应的国际标准或国外标准				安全指标差异情况
				名称、编号	安全指标要求	安全指标单位	检测标准名称、编号	名称、编号	安全指标要求	安全指标单位	安全指标对应的检测标准名称、编号	
用溶剂型木器涂料	化学	含量		产品技术要求室内装饰装修用溶剂型木器涂料	聚氨酯类溶剂型涂料（面漆）：光泽（60°）≥80，指标≤550；光泽（60°）<80，指标≤650						试方法》	
					聚氨酯类溶剂型涂料（底漆）：≤600							
					醇酸类溶剂型涂料（色漆）：≤450							
					醇酸类溶剂型涂料（清漆）：≤500							
		苯质量分数	Benzene content		硝基类溶剂型涂料（面漆、底漆）、聚氨酯类溶剂型涂料（面漆、底漆）：≤0.05、醇酸类溶剂型涂料（色漆、清漆）	%	HJ/T 414—2007中附录B	GL-008-010香港涂料环境标准	苯+甲苯+二甲苯+乙苯总和≤0.01	%	气相色谱法	严于国标
		甲苯+二甲苯+乙苯质量分数	Total of toluene and ethyl benzene and xylene		硝基类溶剂型涂料（面漆、底漆）：≤25	%	HJ/T 414—2007中附录B					
					聚氨酯类溶剂型涂料（面漆、底漆）：≤25							
					醇酸类溶剂型涂料（色漆、清漆）							

附表5（续）

产品类别	产品危害类别	安全指标中文名称	安全指标英文名称	安全指标对应的国家标准				安全指标对应的国际标准或国外标准				安全指标差异情况
				名称、编号	安全指标要求	安全指标单位	检测标准名称、编号	名称、编号	安全指标要求	安全指标单位	安全指标对应的检测标准名称、编号	
室内装饰装修用溶剂型木器涂料	化学	固化剂中游离二异氰酸酯（TDI）质量分数	Free toluene diiso-cyanates(TDI)		聚氨酯类溶剂型涂料（面漆、底漆）：≤0.5	%	GB/T 18446—2009色漆和清漆用漆基异氰酸酯树脂中二异氰酸酯单体的测定	—	—	—	—	宽于国标
		可溶性重金属（限色漆）	Content of heavy metal		溶剂型木器涂料（硝基类涂料、聚氨酯类涂料、醇酸类涂料、腻子）	mg/kg	GB/T 18581—2001中附录B	—	—	—	—	—
		可溶性铅（Pb）	Soluble Lead(Pb)		≤90			—	—	—	—	—
		可溶性镉（Cd）	Soluble Cadmium (Cd)		≤75			—	—	—	—	—
		可溶性铬（Cr）	Soluble Chromium (Cr)		≤60			—	—	—	—	—
		可溶性汞（Hg）	Soluble Mercury (Hg)		≤60			—	—	—	—	—
环境标志水性涂料	化学	挥发性有机化合物（VOC）	Volatile Organic Compound(VOC)	HJ 2537—2014环境标志产	建筑涂料（内墙涂料）（面漆）：光泽（60°）>10，指标≤80	g/L	GB23986—2009	GL-008-010香港涂料环境标准	水性内用涂料≤50，水性外用涂料≤150	g/L	—	严于国标

附表5（续）

产品类别	产品危害类别	安全指标中文名称	安全指标英文名称	安全指标对应的国家标准				安全指标对应的国际标准或国外标准				安全指标差异情况
				名称、编号	安全指标要求	安全指标单位	检测标准名称、编号	名称、编号	安全指标要求	安全指标单位	安全指标对应的检测标准名称、编号	
环境标志水性涂料	化学	挥发性有机化合物（VOC）	Volatile Organic Compound(VOC)	品技术要求水性涂料	建筑涂料（内墙涂料）（面漆）：光泽（60°）≤10，指标≤50							与国标一致
					建筑涂料（内墙涂料）（底漆）：≤50							
					建筑涂料（外墙涂料）（面漆）：≤100							宽于国标
					建筑涂料（外墙涂料）（底漆）：≤80							
					工业涂料（集装箱涂料）（底漆）：≤200							严于国标
					工业涂料（集装箱涂料）（中涂、面漆）：≤150							
					工业涂料（道路标线涂料）：≤150							
					工业涂料（防腐涂料）：≤80							
					工业涂料（汽车涂料）（底漆）：≤75							
					工业涂料（汽车涂料）（中涂）：≤100							

附表5（续）

产品类别	产品危害类别	安全指标中文名称	安全指标英文名称	安全指标对应的国家标准				安全指标对应的国际标准或国外标准				安全指标差异情况
				名称、编号	安全指标要求	安全指标单位	检测标准名称、编号	名称、编号	安全指标要求	安全指标单位	安全指标对应的检测标准名称、编号	
环境标志水性涂料	化学	挥发性有机化合物（VOC）	Volatile Organic Compound(VOC)		工业涂料（汽车涂料）（面漆）：≤150	g/kg						
					工业涂料（木器涂料）（清漆）：≤80							
					工业涂料（木器涂料）（色漆）：≤70							
					建筑涂料（腻子）（粉状、膏状）、工业涂料（木器涂料）（腻子）（粉状、膏状）：≤10	g/kg						
		苯、甲苯、乙苯、二甲苯的总量	Total of Benzene、toluene ethyl benzene and xylene content		≤100	mg/kg	GB18582—2008	GL-008-010香港涂料环境标准	苯+甲苯+二甲苯+乙苯总和≤0.01	%	—	与国标一致
		游离甲醛	Free Formaldehyde		建筑涂料（内墙涂料）（面漆、底漆）；建筑涂料（外墙涂料）（面漆、底漆）；建筑涂料（腻子）（粉状、膏状）：≤50	mg/kg	GB/T 23993—2009		≤0.01	%	—	宽于国标
					工业涂料（集装箱涂料）（底漆、中涂、面漆）；工业涂料（道路标线涂料）；工业涂料							与国标一致

附表5（续）

产品类别	产品危害类别	安全指标中文名称	安全指标英文名称	安全指标对应的国家标准				安全指标对应的国际标准或国外标准				安全指标差异情况
				名称、编号	安全指标要求	安全指标单位	检测标准名称、编号	名称、编号	安全指标要求	安全指标单位	安全指标对应的检测标准名称、编号	
环境标志水性涂料	化学	游离甲醛	Free Formaldehyde		（防腐涂料）；工业涂料（木器涂料）（清漆、色漆）；工业涂料（木器涂料）（腻子）（粉状、膏状）：≤100							
		乙二醇醚及酯类含量（乙二醇甲醚、乙二醇甲醚醋酸酯、乙二醇乙醚、乙二醇乙醚醋酸酯、二乙二醇丁醚醋酸酯）	Total of ethylene glycol ethers and ether esters(only ethylene glycol monomethyl ether, ethylene glycol monomethyl ether acetate, ethylene glycol ethyl ether, ethylene glycol monoethyl ether acetate,diethylene glycol monobutyl ether acetate were limited)		≤100	mg/kg	GB24409—2009	—	—	—	—	宽于国标
		可溶性铅（Pb）	Soluble Lead(Pb)		≤90	mg/kg	GB18582—2008中附录D	—	—	—	—	宽于国标
		可溶性镉（Cd）	Soluble Cadmium(Cd)		≤75			—	—	—	—	

附表5（续）

产品类别	产品危害类别	安全指标中文名称	安全指标英文名称	安全指标对应的国家标准				安全指标对应的国际标准或国外标准				安全指标差异情况
				名称、编号	安全指标要求	安全指标单位	检测标准名称、编号	名称、编号	安全指标要求	安全指标单位	安全指标对应的检测标准名称、编号	
环境标志水性涂料	化学	可溶性铬（Cr）	Soluble hexavalent Chromium(Cr)		≤60			—	—	—	—	
		可溶性汞（Hg）	Soluble Mercury(Hg)		≤60			—	—	—	—	
		卤代烃（以二氯甲烷计）	Total of ethylene glycol ethers and ether esters(only ethylene glycol monomethyl ether, ethylene glycol monomethyl ether acetate,ethylene glycol ethyl ether, ethylene glycol monoethyl ether acetate,diethylene glycol monobutyl ether acetate were limited)		工业涂料（集装箱涂料）（底漆、中涂、面漆）；工业涂料（道路标线涂料）；工业涂料（防腐涂料）；工业涂料（汽车涂料）（底漆、中涂、面漆）；工业涂料（木器涂料）（清漆、色漆）；工业涂料（木器涂料）（腻子）（粉状、膏状）：≤500	mg/kg	GB18583	—	—	—	—	宽于国标
建筑防水涂料	化学	挥发性有机化合物（VOC）	Volatile Organic Compound(VOC)	JC 1066-2008建筑防水涂料中有害物质限量	水性建筑防水涂料：A级≤80；B级≤120 溶剂型建筑防水涂料：B级≤750 反应型建筑防水涂料：A级≤50；B级≤200	g/L	JC 1066—2008中附录A	GL-008-010香港涂料环境标准	水性内用≤50；水性外用≤150；溶剂型≤250	g/L	检查报告	严于国标

附表5（续）

产品类别	产品危害类别	安全指标中文名称	安全指标英文名称	安全指标对应的国家标准				安全指标对应的国际标准或国外标准				安全指标差异情况
				名称、编号	安全指标要求	安全指标单位	检测标准名称、编号	名称、编号	安全指标要求	安全指标单位	安全指标对应的检测标准名称、编号	
建筑防水涂料	化学	苯、甲苯、乙苯和二甲苯总和	Total of benzene, toluene,ethyl benzene and xylene		水性建筑防水涂料：A级、B级≤300	mg/kg	JC 1066—2008中附录B	GL-008-010香港涂料环境标准	苯+甲苯+二甲苯+乙苯总和≤0.01	%	—	严于国标
		苯	benzene		反应型建筑防水涂料：A级、B级≤200	mg/kg	JC 1066—2008中附录B					
					溶剂型建筑防水涂料：A级、B级≤2.0	g/kg						
		甲苯、乙苯和二甲苯	toluene,ethyl benzene and xylene		反应型建筑防水涂料：A级≤1.0；B级≤5.0	g/kg	JC 1066—2008中附录B					
					溶剂型建筑防水涂料：溶剂型建筑防水涂料≤400							
		游离甲醛	Free Formaldehyde		水性建筑防水涂料：A级≤100；B级≤200	mg/kg	GB18582—2008中附录C	—	≤0.01	%	—	严于国标
		氨	Ammonia		水性建筑防水涂料：A级≤500；B级≤1000	mg/kg	JC 1066—2008中附录C	—	—	—	—	宽于国标
		游离TDI	Free toluene diisocyanates(TDI)		聚氨酯类防水涂料：A级≤3；B级≤7	g/kg	JC 1066—2008中附录D	—	—	—	—	宽于国标
		萘	Naphthaline		反应型建筑防水涂料：A级≤200；B级≤500	mg/kg	JC 1066—2008中附录B	—	—	—	—	宽于国标

附表5（续）

产品类别	产品危害类别	安全指标中文名称	安全指标英文名称	安全指标对应的国家标准				安全指标对应的国际标准或国外标准				安全指标差异情况
				名称、编号	安全指标要求	安全指标单位	检测标准名称、编号	名称、编号	安全指标要求	安全指标单位	安全指标对应的检测标准名称、编号	
建筑防水涂料	化学	萘	Naphthaline		溶剂型建筑防水涂料：B级≤500							
		蒽	Anthracene		反应型建筑防水涂料：A级≤200；B级≤500 溶剂型建筑防水涂料：B级≤500	mg/kg	JC 1066—2008中附录B	—	—	—	—	宽于国标
		苯酚	Phenol		反应型建筑防水涂料：A级≤200；B级≤500 溶剂型建筑防水涂料：B级≤500	mg/kg	JC 1066—2008中附录B	—	—	—	—	宽于国标
		重金属（无色、白色、黑色防水涂料不需测试）			水性建筑防水涂料溶剂型建筑防水涂料反应型建筑防水涂料	mg/kg	GB/T 18582—2008中附录D	—	—	—	—	宽于国标
		可溶性铅（Pb）	Soluble Lead(Pb)		≤90							
		可溶性镉（Cd）	Soluble Cadmium (Cd)		≤75							
		可溶性铬（Cr）	Soluble Chromium (Cr)		≤60							
		可溶性汞（Hg）	Soluble Mercury (Hg)		≤60							

附表5（续）

产品类别	产品危害类别	安全指标中文名称	安全指标英文名称	安全指标对应的国家标准：名称、编号	安全指标对应的国家标准：安全指标要求	安全指标对应的国家标准：安全指标单位	安全指标对应的国家标准：检测标准名称、编号	安全指标对应的国际标准或国外标准：名称、编号	安全指标对应的国际标准或国外标准：安全指标要求	安全指标对应的国际标准或国外标准：安全指标单位	安全指标对应的国际标准或国外标准：安全指标对应的检测标准名称、编号	安全指标差异情况
地坪涂装材料	化学	挥发性有机化合物（VOC）质量浓度	Volatile Organic Compound content(VOC)	GB/T 22374—2008地坪涂装材料	水性地坪涂装材料：≤120 溶剂型地坪涂装材料：≤500 无溶剂型地坪涂装材料：≤60	g/L	GB/T 22374—2008中6.3.1	GL-008-010香港涂料环境标准	水性内用≤50；水性外用≤150；溶剂型≤250	g/L	检查报告	严于国标
		苯质量分数	Benzene content		水性地坪涂装材料：≤0.1 溶剂型地坪涂装材料：≤1 无溶剂型地坪涂装材料：≤0.1	g/kg	GB18581—2001中附录A		苯+甲苯+二甲苯+乙苯总和≤0.01	%		
		游离甲醛质量分数	Free Formaldehyde content		水性地坪涂装材料：≤0.1 溶剂型地坪涂装材料：≤0.5 无溶剂型地坪涂装材料：≤0.1	g/kg	GB/T 22374—2008中6.3.2		≤0.01	%		严于国标
		甲苯和二甲苯的总和质量分数	Total of toluene and xylene		水性地坪涂装材料：≤5 溶剂型地坪涂装材料：≤200 无溶剂型地坪涂装材料：≤10	g/kg	GB18581—2001中附录A		苯+甲苯+二甲苯+乙苯总和≤0.01	%		

附表5（续）

产品类别	产品危害类别	安全指标中文名称	安全指标英文名称	安全指标对应的国家标准				安全指标对应的国际标准或国外标准				安全指标差异情况
				名称、编号	安全指标要求	安全指标单位	检测标准名称、编号	名称、编号	安全指标要求	安全指标单位	安全指标对应的检测标准名称、编号	
地坪涂装材料	化学	游离二异氰酸酯（TDI）质量分数	Free toluene diisocyanates(TDI)		溶剂型地坪涂装材料（聚氨酯类）；无溶剂型地坪涂装材料（聚氨酯类）：≤2	g/kg	GB/T18446—2001	—	—	—	—	宽于国标
		重金属（限色漆）	Content of heavy metal		水性地坪涂装材料；无溶剂型地坪涂装材料：≤30	mg/kg	GB18581—2001中附录B	—	—	—	—	宽于国标
		可溶性铅（Pb）	Soluble Lead(Pb)		溶剂型地坪涂装材料：≤90							
		可溶性镉（Cd）	Soluble Cadmium(Cd)		水性地坪涂装材料；无溶剂型地坪涂装材料：≤30			—	—	—	—	
					溶剂型地坪涂装材料：≤60							
		可溶性铬（Cr）	Soluble Chromium(Cr)		水性地坪涂装材料；无溶剂型地坪涂装材料：≤30			—	—	—	—	
					溶剂型地坪涂装材料：≤60							
		可溶性汞（Hg）	Soluble Mercury(Hg)		水性地坪涂装材料；无溶剂型地坪涂装材料；溶剂型地坪涂装材料：≤10			—	—	—	—	

附表5（续）

产品类别	产品危害类别	安全指标中文名称	安全指标英文名称	安全指标对应的国家标准				安全指标对应的国际标准或国外标准				安全指标差异情况
				名称、编号	安全指标要求	安全指标单位	检测标准名称、编号	名称、编号	安全指标要求	安全指标单位	安全指标对应的检测标准名称、编号	
天然树脂木器涂料	化学	挥发性有机化合物（VOC）含量	Volatile Organic Compound content(VOC)	GB/T 27811—2011室内装饰装修用天然树脂木器涂料	溶剂型木器涂料（硝基类涂料）：≤720 溶剂型木器涂料（聚氨酯类涂料）（面漆）：光泽（60°）≥80，指标≤580；光泽（60°）<80，指标≤670 溶剂型木器涂料（聚氨酯类涂料）（底漆）：≤670 溶剂型木器涂料（醇酸类涂料）：≤500	g/L	GB18581—2009中附录A	2004/42/EC欧盟指令	木材内外用贴框或包覆物涂料≤400；内用/外用贴框清漆和木器着色料，包括不透明木器着色料≤500	g/L	—	宽于国标
		苯含量	Benzene content		溶剂型木器涂料（硝基类涂料、聚氨酯类涂料、醇酸类涂料）：≤0.3	%	GB18581—2009中附录B	GL-008-010香港涂料环境标准	苯+甲苯+二甲苯+乙苯总和≤0.01	%	检查报告	严于国标
		卤代烃含量			溶剂型木器涂料（硝基类涂料、聚氨酯类涂料、醇酸类涂料）：≤0.1	%	GB18581—2009中附录C	GL-008-010香港涂料环境标准	≤0.01	%	检查报告	严于国标

附表5（续）

产品类别	产品危害类别	安全指标中文名称	安全指标英文名称	安全指标对应的国家标准				安全指标对应的国际标准或国外标准				安全指标差异情况
				名称、编号	安全指标要求	安全指标单位	检测标准名称、编号	名称、编号	安全指标要求	安全指标单位	安全指标对应的检测标准名称、编号	
天然树脂木器涂料	化学	甲苯和二甲苯和乙苯含量总和	Total of toluene and ethyl benzene and xylene		溶剂型木器涂料（硝基漆类）：≤30 溶剂型木器涂料（聚氨酯类涂料）：≤30 溶剂型木器涂料（醇酸类涂料）：≤5	%	GB18581—2009中附录B		苯+甲苯+二甲苯+乙苯总和≤0.01	%	检查报告	
		可溶性重金属	Content of heavy metal		室内装饰装修用天然树脂木器涂料	%	GB/T 18582—2008中附录D	—	—	—	—	宽于国标
		可溶性铅（Pb）	Soluble Lead(Pb)		≤90							
		可溶性镉（Cd）	Soluble Cadmium(Cd)		≤75							
		可溶性铬（Cr）	Soluble Chromium(Cr)		≤60							
		可溶性汞（Hg）	Soluble Mercury(Hg)		≤60							
聚氨酯防水涂料	化学	挥发性有机化合物（VOC）	Volatile Organic Compound(VOC)	GB/T 19250—2013聚氨酯防水涂料	A级≤50 B级≤200	g/L	JC 1066—2008中附录A	—	—	—	—	宽于国标
		苯	benzene		A级、B级≤200	mg/kg		—	—	—	—	
		甲苯+乙苯+二甲苯	toluene,ethyl benzene and xylene		A级≤1.0 B级≤5.0	g/kg	JC 1066—2008中附录B	—	—	—	—	

附表5（续）

产品类别	产品危害类别	安全指标中文名称	安全指标英文名称	安全指标对应的国家标准				安全指标对应的国际标准或国外标准				安全指标差异情况
				名称、编号	安全指标要求	安全指标单位	检测标准名称、编号	名称、编号	安全指标要求	安全指标单位	安全指标对应的检测标准名称、编号	
聚氨酯防水涂料	化学	游离TDI	Free tolueneDiisocyanates(TDI)		A级≤3 B级≤7	g/kg	JC 1066—2008中附录D	—	—	—	—	
		萘	Naphthaline		A级、B级≤200	mg/kg	JC 1066—2008中附录B	—	—	—	—	
		蒽	Anthracene		A级、B级≤10	mg/kg	JC 1066—2008中附录B	—	—	—	—	
		苯酚	Phenol		A级、B级≤100	mg/kg	JC 1066—2008中附录B	—	—	—	—	
		重金属（可选项目）	Content of heavy metal			mg/kg	GB/T 18582—2008中附录D	—	—	—	—	
		可溶性铅（Pb）	Soluble Lead(Pb)		A级、B级≤90							
		可溶性镉（Cd）	Soluble Cadmium (Cd)		≤75							
		可溶性铬（Cr）	Soluble Chromium (Cr)		≤60							
		可溶性汞（Hg）	Soluble Mercury (Hg)		≤60							

附表5（续）

产品类别	产品危害类别	安全指标中文名称	安全指标英文名称	安全指标对应的国家标准				安全指标对应的国际标准或国外标准				安全指标差异情况
				名称、编号	安全指标要求	安全指标单位	检测标准名称、编号	名称、编号	安全指标要求	安全指标单位	安全指标对应的检测标准名称、编号	
聚硅氧烷涂料	化学	挥发性有机化合物（VOC）含量	Volatile Organic Compound(VOC) content	HG/T 4755—2014聚硅氧烷涂料	≤390	g/L	GB24409—2009中附录A挥发性有机化合物（VOC）含量的测试	—	—	—	—	宽于国标
		重金属含量	Content of heavy metal		≤1000	mg/kg	GB 24408—2009中附录E外墙涂料中铅、镉、汞含量的测试；附录F外墙涂料中六价铬含量的测试	—	—	—	—	
		铅（Pb）	Soluble Lead(Pb)									
		镉（Cd）	Soluble Cad-mium(Cd)		≤100			—	—	—	—	
		六价铬（Cr^{6+}）	Soluble hexavalent Chromium(Cr)		≤1000			—	—	—	—	
		汞（Hg）	Soluble Mercury (Hg)		≤1000			—	—	—	—	
农用机械涂料	化学	重金属含量	Content of heavy metal	HG/T 4757—2014农用机械涂料	≤1000	mg/kg	GB 24408—2009中附录E外墙涂料中铅、镉、	—	—	—	—	宽于国标
		铅（Pb）	Soluble Lead(Pb)									
		镉（Cd）	Soluble Cadmium (Cd)		≤100			—	—	—	—	

附表5（续）

产品类别	产品危害类别	安全指标中文名称	安全指标英文名称	安全指标对应的国家标准				安全指标对应的国际标准或国外标准				安全指标差异情况
				名称、编号	安全指标要求	安全指标单位	检测标准名称、编号	名称、编号	安全指标要求	安全指标单位	安全指标对应的检测标准名称、编号	
农用机械涂料	化学	六价铬（Cr^{6+}）	Soluble hexavalent Chromium(Cr)		≤1000	mg/kg	汞含量的测试；附录F外墙涂料中六价铬含量的测试	—	—			宽于国标
		汞（Hg）	Soluble Mercury (Hg)		≤1000			—	—	—	—	
热固性粉末涂料	化学	重金属（限色漆）可溶性铅（Pb）	Content of heavy metal Soluble Lead(Pb)	HG/T 2006—2006热固性粉末涂料	≤90	mg/kg	GB/T 9758.1—1988色漆和清漆——“可溶性”金属含量的测定——第1部分：铅含量的测定——火焰原子吸收光谱法和双硫腙分光光度法 GB/T 9758.4—1988色漆和清漆——“可溶性”金	—	—	—	ISO 3856.1—1984色漆和清漆——“可溶性”金属含量的测定——第1部分：铅含量的测定——火焰原子吸收光谱法和双硫腙分光光度法 ISO 3856.4—1984色漆和清漆——“可溶性”金属含量的测定——第4部分：镉含量的测定——火焰原子吸收光谱法和极谱法ISO 3856.6—1984色漆和清漆——“可溶性”金属含量的测定——	宽于国标
		可溶性镉（Cd）	Soluble Cadmium (Cd)		≤75							
		可溶性铬（Cr）	Soluble Chromium (Cr)		≤60							
		可溶性汞（Hg）	Soluble Mercury (Hg)		≤60							

附表5（续）

产品类别	产品危害类别	安全指标中文名称	安全指标英文名称	安全指标对应的国家标准				安全指标对应的国际标准或国外标准				安全指标差异情况
				名称、编号	安全指标要求	安全指标单位	检测标准名称、编号	名称、编号	安全指标要求	安全指标单位	安全指标对应的检测标准名称、编号	
热固性粉末涂料	化学	可溶性汞（Hg）	Soluble Mercury (Hg)				属含量的测定——第4部分：镉含量的测定——火焰原子吸收光谱法和极谱法 GB/T 9758.6—1988色漆和清漆——“可溶性”金属含量的测定——第6部分：色漆的液体部分中铬总含量的测定——火焰原子吸收光谱法				第6部分：色漆的液体部分中铬总含量的测定——火焰原子吸收光谱法ISO 3856.7—1984色漆和清漆——“可溶性”金属含量的测定——第7部分：色漆的颜料部分和水稀释性色漆的液体部分中汞含量的测定——无焰原子吸收光谱法	

附表5（续）

产品类别	产品危害类别	安全指标中文名称	安全指标英文名称	安全指标对应的国家标准				安全指标对应的国际标准或国外标准				安全指标差异情况
				名称、编号	安全指标要求	安全指标单位	检测标准名称、编号	名称、编号	安全指标要求	安全指标单位	安全指标对应的检测标准名称、编号	
热固性粉末涂料	化学	可溶性汞（Hg）	Soluble Mercury (Hg)				GB/T 9758.7—1988色漆和清漆——“可溶性”金属含量的测定——第7部分：色漆的颜料部分和水稀释性色漆的液体部分中汞含量的测定——无焰原子吸收光谱法					
各色硝基铅笔底漆	化学	总铅含量	Total lead(Pb)	HG/T 2246-91（2004）各色硝基铅笔底漆	≤0.25	%	GB/T 13452.1—91色漆和清漆总铅含量的测定火焰原子吸收光谱法	—	—	—	ISO 6503—84色漆和清漆总铅含量的测定火焰原子吸收光谱法	宽于国标

附表5（续）

产品类别	产品危害类别	安全指标中文名称	安全指标英文名称	安全指标对应的国家标准				安全指标对应的国际标准或国外标准				安全指标差异情况
				名称、编号	安全指标要求	安全指标单位	检测标准名称、编号	名称、编号	安全指标要求	安全指标单位	安全指标对应的检测标准名称、编号	
电子电气设备涂层	化学	镉（Cd）	Cadmium(Cd)	—				2002/95/EC号欧盟RoHS指令关于在电子电气设备中限制使用某些有害物质指令	≤0.01	%	IEC62321:2008《电子电气产品六种限用物质（铅、汞、镉、六价铬、多溴联苯和多溴二苯醚）的测定	严于国标
		铅（Pb）	Lead(Pb)						≤0.1			严于国标
		汞（Hg）	Mercury(Hg)						≤0.1			严于国标
		六价铬（Cr^{6+}）	Hexavalent Chromium(Cr^{6+})						≤0.1			严于国标
		多溴联苯（PBBs）（一溴～十溴）	Polybrominated biphenyls(PBBs)						≤0.1			严于国标
		多溴二苯醚（PBDEs）（一溴～九溴）	Polybrominated diphenyl ethers(PBDEs)						≤0.1			严于国标
玩具涂层	化学	可迁移元素最大限量（锑Sb）	Maximum migrated Element(antimony Sb)	国家玩具安全技术规范GB 6675—2003附录C	60	mg/kg	—	ISO 8124-3：1997 玩具安全——第3部分：特定元素的迁移	60	mg/kg	—	一致
		可迁移元素最大限量（砷As）	Maximum migrated Element(Arsenic As)		25				25			一致

附表5（续）

产品类别	产品危害类别	安全指标中文名称	安全指标英文名称	安全指标对应的国家标准				安全指标对应的国际标准或国外标准				安全指标差异情况
				名称、编号	安全指标要求	安全指标单位	检测标准名称、编号	名称、编号	安全指标要求	安全指标单位	安全指标对应的检测标准名称、编号	
玩具涂层	化学	可迁移元素最大限量（钡Ba）	Maximum migrated Element(Barium Ba)		1000			ASTM F963-2007$^{\varepsilon 1}$ 玩具安全性的消费品安全规范	1000			一致
		可迁移元素最大限量（镉Cd）	Maximum migrated Element(Cadmium Cd)		75				75			一致
		可迁移元素最大限量（铬Cr）	Maximum migrated Element(Chromium Cr)		60				60			一致
		可迁移元素最大限量（铅Pb）	Maximum migrat-edElement(Lead Pb)		90				90			一致
		可迁移元素最大限量（汞Hg）	Maximum migrated Element(Mercury Hg)		60				60			一致
		可迁移元素最大限量（硒Se）	Maximum migrated Element(Selenium Se)		500				500			一致

附表5（续）

产品类别	产品危害类别	安全指标中文名称	安全指标英文名称	安全指标对应的国家标准				安全指标对应的国际标准或国外标准				安全指标差异情况
				名称、编号	安全指标要求	安全指标单位	检测标准名称、编号	名称、编号	安全指标要求	安全指标单位	安全指标对应的检测标准名称、编号	
玩具涂层	化学	总铅（Pb）（相对于干漆膜质量）	Total Lead(Pb)	—				ASTM F963-2007[ε1] 玩具安全性的消费品安全规范	600			严于国标
涂料	化学	挥发性有机化合物（VOC）	Volatile Organic Compound(VOC)	—				40 CFR Part 59美国环境保护署发布的建筑涂料挥发性有机化合物释放的国家标准	天线涂料：530 防污涂料：450 防涂鸦涂料：600 防粘连剂：600 墙粉重涂剂：475 黑板书写涂料：450 混凝土固化剂：350 混凝土固化与封闭剂：700 混凝土保护涂料：400 混凝土表面缓凝剂：780 转化型清漆：725 干雾涂料：400 极高耐久性涂料：800	g/L	40 CFR part 60新固定源性能标准 附录A中方法24 测定表面涂料的VOC、水含量、密度、体积固体含量和质量固体含量	严于国标

附表5（续）

产品类别	产品危害类别	安全指标中文名称	安全指标英文名称	安全指标对应的国家标准				安全指标对应的国际标准或国外标准				安全指标差异情况
				名称、编号	安全指标要求	安全指标单位	检测标准名称、编号	名称、编号	安全指标要求	安全指标单位	安全指标对应的检测标准名称、编号	
涂料	化学	挥发性有机化合物（VOC）	Volatile Organic Compound(VOC)	—				40 CFR Part 59美国环境保护署发布的建筑涂料挥发性有机化合物释放的国家标准	仿纹装饰剂/透明色料：700 防火（阻燃）涂料清漆：850 透明漆：450 地坪涂料：400 流涂涂料：650 区域标志涂料：450 平光涂料:250 脱膜剂：450 绘图标记涂料（广告牌漆）：500 热反应性涂料：420 耐高温涂料：650 水下抗冲击涂料：780 工业维护涂料：450 挥发性漆（包括可砂磨挥发性封闭剂）：680 菱镁矿水泥涂料：600	g/L	40 CFR part 60 新固定源性能标准 附录A中方法24 测定表面涂料的VOC、水含量、密度、体积固体含量和质量固体含量	严于国标

附表5（续）

产品类别	产品危害类别	安全指标中文名称	安全指标英文名称	安全指标对应的国家标准				安全指标对应的国际标准或国外标准				安全指标差异情况
				名称、编号	安全指标要求	安全指标单位	检测标准名称、编号	名称、编号	安全指标要求	安全指标单位	安全指标对应的检测标准名称、编号	
涂料	化学	挥发性有机化合物（VOC）	Volatile Organic Compound(VOC)	—				40 CFR Part 59美国环境保护署发布的建筑涂料挥发性有机化合物释放的国家标准	厚浆遮纹涂料：300 金属闪光涂料：500 多彩涂料：580 非铁金属增光漆和表面保护剂：870 非平光涂料：380 防核辐射涂料：450 预处理洗涤底漆：780 底漆和中间涂料：350 热塑性维修涂料：650 屋面涂料：250 快干涂料:450 防锈涂料：400 可砂磨封闭剂（可砂磨非挥发性封闭剂）：550 封闭剂（包括内用木器封闭剂）：400	g/L	40 CFR part 60新固定源性能标准 附录A中方法24 测定表面涂料的VOC、水含量、密度、体积固体含量和质量固体含量	严于国标

附表5（续）

产品类别	产品危害类别	安全指标中文名称	安全指标英文名称	安全指标对应的国家标准				安全指标对应的国际标准或国外标准				安全指标差异情况
				名称、编号	安全指标要求	安全指标单位	检测标准名称、编号	名称、编号	安全指标要求	安全指标单位	安全指标对应的检测标准名称、编号	
涂料	化学	挥发性有机化合物（VOC）	Volatile Organic Compound(VOC)	—				40 CFR Part 59美国环境保护署发布的建筑涂料挥发性有机化合物释放的国家标准	着色控制剂：720 游泳池涂料：600 热塑性橡胶涂料与厚浆涂料：550 着色剂 透明与半透明：550 不透明：350 低固体：120 道路标记涂料：150 清漆：450 防水封闭剂和处理剂：600 木材防腐剂： 地下木材防腐剂：550 透明与半透明：550 不透明：350 低固体：120	g/L	40 CFR part 60新固定源性能标准 附录A中方法24 测定表面涂料的VOC、水含量、密度、体积固体含量和质量固体含量	严于国标
涂料	化学	挥发性有机化合物（VOC）	Volatile Organic Compound(VOC)	—				2004/42/EC欧盟指令对某些色	室内无光墙面或天花板涂料（60° 光泽<25）：30	g/L	—	严于国标

附表5（续）

<table>
<tr><th rowspan="2">产品类别</th><th rowspan="2">产品危害类别</th><th rowspan="2">安全指标中文名称</th><th rowspan="2">安全指标英文名称</th><th colspan="4">安全指标对应的国家标准</th><th colspan="4">安全指标对应的国际标准或国外标准</th><th rowspan="2">安全指标差异情况</th></tr>
<tr><th>名称、编号</th><th>安全指标要求</th><th>安全指标单位</th><th>检测标准名称、编号</th><th>名称、编号</th><th>安全指标要求</th><th>安全指标单位</th><th>安全指标对应的检测标准名称、编号</th></tr>
<tr><td rowspan="7">涂料</td><td rowspan="7">化学</td><td rowspan="7">挥发性有机化合物（VOC）</td><td rowspan="7">Volatile Organic Compound(VOC)</td><td rowspan="7">—</td><td rowspan="7"></td><td rowspan="7"></td><td rowspan="7"></td><td rowspan="7">漆、清漆以及车辆修补漆中由于使用有机溶剂而造成的挥发性有机化合物排放的限制及对欧盟指令1999/13/EC的部分修改</td><td>室内无光墙面或天花板涂料（60° 光泽>25）：100</td><td rowspan="7">g/L</td><td rowspan="7">—</td><td rowspan="7">严于国标</td></tr>
<tr><td>外墙无机底材涂料：水性40；溶剂型430</td></tr>
<tr><td>木材或金属内外用贴框或包覆物涂料：水性：130；溶剂型：300</td></tr>
<tr><td>内用/外用贴框清漆和木器着色料，包括不透明木器着色料：水性：130；溶剂型：400</td></tr>
<tr><td>内外用低膜厚木器着色料：水性：130；溶剂型：700</td></tr>
<tr><td>底漆：水性：30；溶剂型：350</td></tr>
<tr><td>粘合底漆：水性：30；溶剂型：750</td></tr>
</table>

附表5（续）

产品类别	产品危害类别	安全指标中文名称	安全指标英文名称	安全指标对应的国家标准				安全指标对应的国际标准或国外标准				安全指标差异情况
				名称、编号	安全指标要求	安全指标单位	检测标准名称、编号	名称、编号	安全指标要求	安全指标单位	安全指标对应的检测标准名称、编号	
涂料	化学	挥发性有机化合物（VOC）	Volatile Organic Compound(VOC)	—				漆、清漆以及车辆修补漆中由于使用有机溶剂而造成的挥发性有机化合物排放的限制及对欧盟指令1999/13/EC的部分修改	单组分功能涂料：水性：140；溶剂型：500 特殊用途（如地板）用双组分反应 性功能涂料：水性：140；溶剂型：500 多彩涂料：水性：100；溶剂型：100 装饰性涂料：水性：200；溶剂型：200 车辆修补产品：处理剂：850；预清洗剂：200 车辆修补产品：所有类型填充料：250 车辆修补产品（底漆）：腻子和通用（金属）底漆：540；蚀洗涂料：780	g/L	—	严于国标

附表5（续）

产品类别	产品危害类别	安全指标中文名称	安全指标英文名称	安全指标对应的国家标准				安全指标对应的国际标准或国外标准				安全指标差异情况
				名称、编号	安全指标要求	安全指标单位	检测标准名称、编号	名称、编号	安全指标要求	安全指标单位	安全指标对应的检测标准名称、编号	
涂料	化学	挥发性有机化合物（VOC）	Volatile Organic Compound(VOC)	—					车辆修补产品：各种类型面漆：420	g/L	—	严于国标
									车辆修补产品：各种类型特殊罩面漆：840			
室内涂料	化学	挥发性有机化合物	—	—				2009/544/EC号欧盟指令室内色漆和清漆生态标签	室内哑光墙壁/顶棚涂料（光泽<250 60°）≤15	g/L	—	严于国标
									室内哑光墙壁/顶棚涂料（光泽>250 60°）≤60			
									室内木质和金属件装饰性和保护性涂料，包括底漆≤90			
									室内装饰性清漆和木材着色剂，包括不透明的木材找色剂≤75			
									室内最小构造木材着色剂≤75			
									底漆≤15			
									粘合性底漆≤15			
									单组份功能涂料≤100			

附表5（续）

产品类别	产品危害类别	安全指标中文名称	安全指标英文名称	安全指标对应的国家标准				安全指标对应的国际标准或国外标准				安全指标差异情况
				名称、编号	安全指标要求	安全指标单位	检测标准名称、编号	名称、编号	安全指标要求	安全指标单位	安全指标对应的检测标准名称、编号	
室内涂料	化学	挥发性有机化合物	—	—				2009/544/EC号欧盟指令室内色漆和清漆生态标签	双组份反应的功能涂料（如地坪专用漆）≤100		—	严于国标
									装饰性效果涂料90			
									挥发性芳香烃：0.1	%		
									重金属（镉、铅、六价铬、汞、砷、钡（不包括硫酸钡）、硒、锑）：分别为0.01%	%		
									烷基酚聚氧乙烯醚：不得使用	%		
									异噻唑啉化合物：木器涂料0.2%，其他0.05%	%		
									全氟辛烷磺酸盐：不得使用	%		
									卤代烃：提交含量声明，进行风险评估	%		
									邻苯二甲酸酯：提交含量声明，进行风险评估	%		
									甲醛：0.001%	%		

附表5（续）

产品类别	产品危害类别	安全指标中文名称	安全指标英文名称	安全指标对应的国家标准				安全指标对应的国际标准或国外标准				安全指标差异情况
				名称、编号	安全指标要求	安全指标单位	检测标准名称、编号	名称、编号	安全指标要求	安全指标单位	安全指标对应的检测标准名称、编号	
建筑涂料	化学	挥发性有机化合物						GS-11 北美GreenSeal环保标准	平光涂料：50 非平光涂料、底漆、中涂、地面涂料：100 防锈涂料：250 墙面反光涂料：50 屋顶反光涂料：100	g/m^2	—	严于国标
表面涂料	化学							SOR/2005-109 加拿大《表面涂料条例》	用于儿童或孕妇的房屋或其他房屋、儿童用家具、玩具和其他物品、铅笔和美术画笔的表面涂料，要求其最大可允许铅含量为600mg/kg 所有表面涂料规定其最大可允许汞含量为10mg/kg	mg/kg	—	严于国标
涂料	化学							SOR/2012-285 加拿大禁止特定有毒物质法规	法规规定任何人不得制造、使用、销售、提供或进口这些物质或含有这些物质的产品：短链		—	严于国标

附表5（续）

产品类别	产品危害类别	安全指标中文名称	安全指标英文名称	安全指标对应的国家标准				安全指标对应的国际标准或国外标准				安全指标差异情况
				名称、编号	安全指标要求	安全指标单位	检测标准名称、编号	名称、编号	安全指标要求	安全指标单位	安全指标对应的检测标准名称、编号	
涂料	化学								氯化石蜡、多氯化萘、正己烷、多溴联苯、二氯化三苯三氯乙烷、2-甲氧基乙醇、三丁基锡化合物		—	严于国标
儿童用涂料	化学							SOR/2010-298 加拿大邻苯二甲酸盐条例	DEHP，DBP及BBP含量不得超过1000mg/kg；DINP，DIDP及DNOP含量不得超过1000mg/kg	mg/kg	—	一致
化学品	化学							2006/122/EC号欧盟指令关于限制全氟辛烷磺酸盐的指令	不允许销售以PFOS为构成物质或要素的、浓度或质量等于或超过0.005%的物质。同时，也限制了在成品和半成品中使用PFOS，不允许销售含有PFOS浓度或质量等于或超过0.1%的成品、半成品及零件，包括有意添加PFOS的所有产品，也包括用于特定的零部件中及产品的涂层表面	%		严于国标

附表5（续）

产品类别	产品危害类别	安全指标中文名称	安全指标英文名称	安全指标对应的国家标准				安全指标对应的国际标准或国外标准				安全指标差异情况
				名称、编号	安全指标要求	安全指标单位	检测标准名称、编号	名称、编号	安全指标要求	安全指标单位	安全指标对应的检测标准名称、编号	
化学品	化学							2005/84/EC号欧盟指令邻苯二甲酸酯指令	（1）玩具或儿童护理用品的塑料所含的3类邻苯二甲酸盐（DEHP、DBP及BBP），浓度不得超过0.1% （2）DEHP、DBP及BBP浓度超过0.1%的玩具及儿童护理用品，不得在欧盟市场出售 （3）儿童可放进口中的玩具及儿童护理用品，其塑料所含的3类邻苯二甲酸盐（DINP、DIDP及DNOP），浓度不得超过0.1% （4）DINP、DIDP及DNOP浓度超过0.1%的玩具及儿童护理用品，不得在欧盟市场出售	%	—	严于国标

参考文献

[1] Establishing revised ecological criteria for the award of the Communityeco-label to indoor paintsand varnishes and amending Decision 1999/10/EC [J]. Official Journal of the European Communities.2002，236: 4-9.

[2] Establishing the ecological criteria for the award of the Community eco-label topaints and varnishes. Official Journal of the European Communities [J]. 1999，5:77-82.

[3] Establishing the ecological criteria for the award of the Community eco-label toindoor paints and varnishes. Official Journal of the European Communities [J]. 1996，4: 8-13.

[4] Establishing the ecological criteria for the award of the EU Ecolabel for indoor and outdoor paintsand varnishes [J]. Official Journal of the European Union，2014，164: 45-73.

[5] Report on the implementation of Directive 2004/42/EC of the European Parliament andof the Council on the limitation of emissions of volatile organic compounds due to theuse of organic solvents in certain paints and varnishes and vehicle refinishing productsand amending Directive 1999/13/EC [R]. Brussel: European Commission，2013: 1-6.

[6] On the limitation of emissions of volatile organic compounds due to the use of organicsolvents in decorative paints and varnishes and vehicle refinishing products andamending Directive 1999/13/EC [R]. Brussel: Commision of the European Communities，2002: 1-28.

[7] Opinion of the European Economic and Social Committee on the ‘Proposal for a Directive of theEuropean Parliament and the Council on the limitation of emissions of volatile organiccompounds due to the use of organic solvents in decorative paints and varnishes and vehiclerefinishing products and amending Directive 1999/13/EC [J]. Official Journal of the European Union. 2003，220: 43-46.

[8] Directive 2004/42/CE of the European parliament and of the council on the limitation of emissions of volatile organic compounds due to the use of organic solvents incertain paints and varnishes and vehicle refinishing products and amending Directive 1999/13/EC [J]. 2004，143: 87-96.

[9] Report on the implementation and review of Directive 2004/42/EC of the EuropeanParliament and of the Council on the limitation of emissions of volatile organiccompounds due to the use of organic solvents in certain paints and varnishes and vehiclerefinishing products and amending Directive 1999/13/EC [R]. Brussel: European Commission，2011: 1-8.

[10] Environmental Protection Agency. National emission standards for hazardous air

pollutants: Miscellaneous coating manufacturing, final rule [J]. Federal Register, 2006, 71 (192) : 58499-58504.

[11] Environmental Protection Agency. National emission standards for hazardous air pollutants: Miscellaneous coating manufacturing, proposed rule [J]. Federal Register, 2005, 70 (92) : 25684-25686.

[12] Environmental Protection Agency. National emission standards for hazardous air pollutants: Miscellaneous coating manufacturing, proposed rule [J]. Federal Register, 2007, 72 (135) : 38952-38991.

[13] Environmental Protection Agency. National Volatile Organic CompoundEmission Standards for AerosolCoatings, proposed rule [J]. Federal Register. 2008, 73 (57) : 15470-15471.

[14] Environmental Protection Agency. National Volatile Organic CompoundEmission Standards for AerosolCoatings, direct final rule [J]. Federal Register, 2008, 73 (217) : 66184-66187.

[15] Environmental Protection Agency. National Volatile Organic CompoundEmission Standards for AerosolCoatings, direct final rule [J]. Federal Register, 2008, 73 (217) : 66209-66210.

[16] Environmental Protection Agency. National Volatile Organic CompoundEmission Standards for AerosolCoatings, final rule, withdraw of direct final rule [J]. Federal Register, 2008, 73 (248) : 78994-78997.

[17] Environmental Protection Agency. National Volatile Organic CompoundEmission Standards for AerosolCoatings, proposed rule [J]. Federal Register, 2009, 74 (62) : 14941-14949.

[18] Environmental Protection Agency. National Volatile Organic CompoundEmission Standards for AerosolCoatings, final rule [J]. Federal Register, 2009, 74 (119) : 29595-29607.

[19] Consumer product safety commission. Third party testing for certain children's products: notice of requirements for accreditation of third party conformity assessment bodies — lead paint [J]. Federal Register, 2011, 76 (65) : 18645-18648.

[20] State of Thode island and providence plantations department of environmental management office of air resources. Air pollution control regulation No. 33 Control of volatile compounds from industrial maintenance coatings.

[21] GB 21177—2007 涂料危险货物危险特性检验安全规范[S].

[22] GB 18582—2008 室内装饰装修材料内墙涂料中有害物质限量[S].

[23] JC 1066—2008 建筑防水涂料中有害物质限量[S].

[24] GB 18581—2009 室内装饰装修材料溶剂型木器涂料中有害物质限量[S].

[25] GB 24410—2009 室内装饰装修材料水性木器涂料中有害物质限量[S].

[26] GB 24408—2009 建筑用外墙涂料中有害物质限量[S].

[27] GB 24613—2009　玩具用涂料中有害物质限量[S].

[28] GB 50325—2010　民用建筑工程室内环境污染控制规范[S].

[29] HJ 2537—2014　环境标志产品技术要求水性涂料[S].

[30] Directive 2002/95/EC of the European Parliament and of the Council on the restriction of the use of certain hazardous substances in electrical and electronic equipment（RoHS）.

[31] Regulation（EC）No.1907/2006，Registration，evaluation，authorisation and restriction of chemicals.

[32] Directive 2006/122/EC of the European Parliament and of the Council，Laws，regulations and administrative provisions of the member states relating to restriction on the marketing and use of certain dangerous substances and preparations（perfluorooctane sulfonates）.

[33] Regulation（EC）No 1272/2008 of the European Parliament and of the Council. Classification，labelling and packaging of substances and mixtures.

[34] 16 CFR Part 1303，Consumer Product Safety Improvement Act.

[35] 40 CFR Part 61and Part 63，National emission standards for hazardous air pollutants.

[36] National Paint & Coating association，Hazardous Materials Identification System.

[37] GS-11，Green seal standard for paints and coatings [S].

[38] South Coast Air Quality Management District. Rule 1143 Consumer paint thinners & multi-purpose solvents.